走出自卑

[韩] 尹洪均 著

王朝君 译

中国友谊出版公司

图书在版编目（CIP）数据

走出自卑 /（韩）尹洪均著；王朝君译 . -- 北京：
中国友谊出版公司，2021.6

ISBN 978-7-5057-5220-7

Ⅰ.①走… Ⅱ.①尹…②王… Ⅲ.①个性心理学—
通俗读物 Ⅳ.① B848-49

中国版本图书馆 CIP 数据核字（2021）第 090588 号

著作权合同登记号　图字：01-2021-3789

자존감 수업
SELF-ESTEEM LESSON

书名	走出自卑
作者	［韩］尹洪均
译者	王朝君
出版	中国友谊出版公司
发行	中国友谊出版公司
经销	新华书店
印刷	三河市冀华印务有限公司
规格	880×1230 毫米　32 开
	8.5 印张　198 千字
版次	2021 年 11 月第 1 版
印次	2021 年 11 月第 1 次印刷
书号	ISBN 978-7-5057-5220-7
定价	49.80 元
地址	北京市朝阳区西坝河南里 17 号楼
邮编	100028
电话	（010）64678009

如发现图书质量问题，可联系调换。质量投诉电话：010-82069336

恢复自尊的过程就是走向幸福的过程

不知不觉中，我已是一个头发斑白的中年医生了。经常有人来向我咨询，寻求一些建议，也有人写信告诉我："听过你的演讲后，我的人生翻开了崭新的一页。"

现在，我很幸福。身体依旧健康，孩子也听话，还有给予我信任的父母和一直支持我的唯一的哥哥，他们都陪在我身边。这样的人生，真可谓非常幸福了。

然而，你可能想不到，我童年时曾是个软弱的孩子。身子骨弱不禁风，内心也很脆弱。因为扁桃体肿胀总是请假的我，看起来像个动不动就掉眼泪的爱哭鬼。我不像别的小男孩那样淘气，看起来也不机灵。不聪明，也没什么特长；不自信，更没有毅力。身边的人总是用充满担忧的眼神看着我。

那时，我不管做什么都不自信，总是唯唯诺诺地顺从别人，仿佛已经被烙印上了"忍让"和"善良"——这曾经是我性格中最大

1

的问题。很久之后我才明白，那并不是乐于助人的亲切，而是我不相信自己，才总是把决定权拱手让人。

时光飞逝，我的变化可能出乎了所有人的意料。我对现在的自己非常满意。与童年时的我不同，现在的我相信自己的眼光和判断。我深爱着自己，也感谢那些让我有所改变的人。

有些人认为，我是因为"心理医生"这个头衔而感到幸福的，是这个受社会尊敬的职业给了我自信。当然，这并不是完全错误的观点，在成长为专科医生的道路上，我从老师和前辈那里收获了很多。得益于他们的指引，我才能不断地成长，最终拿到医师资格证，成为一个让自己骄傲的人。

但我也很清楚，还有许多医生过着极其不幸的生活。而且，精神科医生的自杀率高于其他领域的医生。因此，我无法认同这样的观点："你不是所有人都羡慕的医生吗？你理应比其他人幸福啊！"

几年前，当我离开医院，以个人的名义开启新事业的时候，我希望能完成一份拖延了很久的"作业"——寻找"我对自己人生满意的理由"。虽然我把这个想法马上付诸实践了，但过程并不如想象的那样顺利。幸福的定义是什么？什么能让我们感觉到幸福？什么是幸福的必要条件？在这个过程中，我领悟到了什么？发生了怎样的变化？这样的感情要如何持续？我花了大量的时间来记录，希望能把针对这些问题的思考都保存下来。

当疑惑的拼图一点点拼凑起来时，"自尊"这个词就"浮出了水面"。在精神科的词条中，这个词被标注为"self-esteem"，字典中的释义是"如何评价自己""用来评估对自己的爱和满意度的指标"。从此，我便开始关注"自尊"这个词。

整理好思路之后，我发现自己变幸福的过程就是恢复自尊的过程，而人生中不幸的那些瞬间也是自尊匮乏的时候。

我曾经是个自尊感很弱的人。读医科大学的时候，我有过留级的"劣迹"，而那已经不是我第一次考试失利了。高中入学考试时科学考试失败，高考失败，甚至在复读时，学校的考试，我也未能幸免。医大考试失利，对我而言是非常大的打击，我甚至怀疑是否应该重新调整自己的人生道路。那时的我，每天都沉溺在酒精、香烟和游戏之中。一想到要跟学弟、学妹们一起上课，我就觉得眼前一片暗淡。因为感到羞愧，我连家人都避而不见。每天早上，朋友们去上学时，我就到网吧"打卡"。熬个通宵后，到清晨才悄悄溜回家。有时，我也会在台球厅过夜或和朋友们辗转于各个小吃摊，天亮之后再像夜猫子一样回到家里。日复一日。

无数次在彷徨和绝望中挣扎的我，自尊早已被自己踩在了脚下。从某种意义上来说，我的人生就是"自尊"起起伏伏的过程。我的自尊被深深的自卑折磨殆尽，脑子里充斥着各种绝望的想法，一度想彻底自暴自弃。

回顾过往，我为了找回自尊，一步步艰难地走到了今天。直到重新拥有健康的自尊，我才感受到了真正的幸福。自尊是幸福的结果，也是获得幸福的原因。我这才明白，原来恢复自尊和重获幸福有着同样的意义。正因如此，虽然找回自尊的路很难走，但我也坚持挺了过来。

自尊的问题并不仅仅困扰着我一个人，那些因为命运多舛来找我寻求帮助的人大多是自尊匮乏的人。被伴侣劈腿的人，与恋人离别的人，抑郁症患者，对某种东西上瘾的人，寻死的人，还有他们的家属……他们无一例外都饱受着自尊问题的折磨，而我要做的就是帮助他们渡过难关。从这个角度来看，我既是一名医生，也是一名自尊培训师。

在成为精神科医生之前，我在学习的过程中掌握了很多理论知识和技能，并先把它们应用到了自己身上。随着内心的不断强大，我也拥有了体谅他人不易之处的共情力。是那些痛苦的经验让我更加明白，自尊感弱的人会因为哪些话受到伤害，我要用什么样的方式来对待他们。曾经的我，因为自己的一无是处而备感难过，没想到随着时间的流逝，这份阴郁竟变成了有用的资源。我希望能通过这本书，将我的这些感悟坦诚地分享给大家。

不过，将自己的亲身经历和所学所得讲述和传授给他人并不是件容易的事情。

对我而言，要把那些连最亲密的妻子都不知道的成长故事和不为人知的秘密公之于众，的确非常困难，不得不写写删删。大多数医生都很难心甘情愿地将掌握的信息完全公开，他们不喜欢将重要的信息毫无保留地分享给别人。尽管如此，我还是坚持将这本书写完了。让我下定决心的有以下几个原因。

第一，我知道自己总会有缺乏自尊的时候。保持自尊和游泳很像，如果原地不动，就会因重力而往下沉。我也一样，生活中难免会有自尊感"坠入谷底"的时候，也会犯错，还会疲惫不堪。我希望能把克服问题的具体方法整理成册，以备那些灰色的瞬间再度来临。

第二，我的亲人和朋友们，他们的人生中也必定会遭遇一两次自尊危机。伴随着女儿们的出生和成长，我有好多话想对她们说，却总是因为"还没准备好""想说的话太多""没有时间""你们还小"等借口，始终没能把心中的话讲给她们听。去年，意外发生的交通事故让我突然感受到巨大的焦虑和不安——"如果我的生命就这样走到了尽头，该怎么办呢？"随之袭来的还有"什么话都来不及说就要离开"的危机感。因此，这本书也是我"讲给女儿们听的自尊故事"，相信她们会喜欢。毕竟，如果直接说出来，可能会被当作唠叨吧。

第三，无论如何，这些话都是我作为一个精神科医生想说的。说来惭愧，在刚开始有点小名气的时候，我也曾有过短暂的"愚蠢"的烦恼：如果公开的珍贵信息被别人剽窃、盗用了，怎么办？我甚至想过要把辛苦得来的知识藏在一个只有自己知道的秘密基地。然而，我很快就意识到，知识是永无边界的，没有任何人可以独占它。我也明白了当初的愚蠢想法是多么傲慢与危险。现在，我坚信，当有益的信息被广泛共享时，它的意义和效果就会最大化。

这本书由七个部分组成。第一部分解释了自尊的定义和重要性。关于"自尊"一词，虽然经常能听到，平常也被广泛使用，但真正了解自尊的人并不多。第二部分和第三部分阐述了当自尊匮乏时，常常伴随而来的爱情、离别、人际关系方面的问题。第四部分和第五部分描述了与自尊相关的其他情感。第六部分和第七部分整理了一些提高自尊的具体办法。在很多小节的末尾，都会介绍一种"走出自卑，从今天开始"的实践小诀窍。只要按照书中的内容去尝试，相信你的自尊一定会有令人惊讶的提高。希望能为那些因为"如何在日常生活中提高自尊"而烦恼的读者朋友提供一些帮助。

我衷心地希望，读者朋友们能通过这本书重新认识世界、连接世界、创造世界，找回自尊，打造自己的健康人格。

尹洪均

目 录
Contents

Part 1

自尊为什么重要

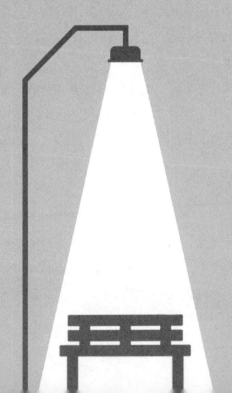

1

自尊的三大要素

　　不知从何时起，人们开始经常接触"自尊"这个词，大家似乎对自尊的重要性已经非常熟悉了。但是，当被问到"自尊的准确定义是什么"时，答案却不尽相同。大家对自尊的定义可谓众说纷纭，有人说是"爱自己的程度"，有人认为是"自信心"，还有人认为是"对待自己的姿态"……所以正文开始之前，让我们先来整理一下什么才是自尊的准确定义。

　　自尊最基本的定义是"如何评价自己"，得分的高低代表自我评价的不同等级，可以用数字的形式表示，也可以用等级（高自尊、中等自尊和低自尊）来表达。

自尊的三大要素

　　自尊有三个要素：自我效能、自我调节和自我安全。正因为自尊有这三大基本要素，不同的人对自尊也可能有着不同的解释。

　　第一，"自我效能"是一种自我感知——"我是一个多么有用的人"。目前，我们的社会其实对这一点有些过分强调。例如，一个人如果从事被社会认可的职业，或是在职场中能力得到了认可，那么他的自尊感就会比较强。

第二，"自我调节"是指想随心所欲的本能。当这种感觉被满足时，自尊就会增强。我们曾经很想当然地认为，那些就读于首尔最好的院校、毕业于名牌大学的人，自尊会比别人强。然而，在很多情况下，他们比那些来自乡间自由生长的孩子的自尊感要弱。这往往是因为他们自我调节的能力不强。

第三，"自我安全"是自尊的基础。有些人虽然看起来一无所有，却拥有很强的自尊，这是因为他们感受"安全和舒适"的能力优于其他人。没有人能在饱受心理创伤和感情缺失之后依旧充满安全感。经历了这些磨难之后，自尊当然会被削弱。有些人很难一个人待着，就是因为他们在独处时无法拥有安全感。

大部分人认为自尊就是"爱自己的程度"，我也认同这种观点。如果一个人总觉得自己一无是处，无法调节自己的状态，难以保持平和的心态，那么他的自尊感一定很弱。这样的人很难爱上自己，也很难爱别人。因此，看一个人有多爱自己，大概就可以判断出他的自尊状态。

自尊与自信、自满、自尊心的差别

有一些词语在使用时会经常与自尊混淆。市面上已经出版的书中也常常将这些词语混用，因此来接受心理咨询的人也时常会感到困惑。这些词分别是自信、自满和自尊心。

自信是将自我的能力与任务的难度进行比较后而得出的概念。如果对自己的能力评价高，而任务的难度判定为低，自信心自然会得到提高。相反，如果对自己能力的评价尚可，但任务的难度被判定为很高，那么自信心就会下降。

自满则是过分高估自己的能力或低估任务难度时产生的心态，有时往往因为不合理的评估，导致了过度自信。

自尊心是与自尊相关的情绪表达。如果说自尊是对"如何评价我"的解答，是一种概念，那么伴随着这种概念所产生的情绪就是自尊心。一般而言，"自尊心"一词会更多地在自尊受损时被提到，用来形容受伤的情绪。遭到非议，产生心理创伤时，自尊感会跌落到一定标准之下，这时常常会用"伤了自尊心"来表达情绪。另外，"重拾自尊心"也意味着自尊心触底反弹。因此，"自尊心"这一表述很少用来描述积极的情况。

2

关于自尊的误解和偏见

不仅是概念的混淆，人们对自尊还存在着相当大的误解。有些人仅仅读了几本书，就自认为已经掌握了心理学的基础知识，却往往会把错误的信息当作问题的正解。那么，关于自尊，最常见的误解有哪些呢？

自尊来自父母？

这种误解源于信息过剩。父母的教育方式和我们的童年经历固然重要，但不能将自尊问题完全归结于受父母的影响。我们可能会常常听到有人说"因为没有得到父母足够的爱而导致自尊的匮乏"，如果总是纠结于这一点，不仅不利于自尊的培养，甚至还会造成家庭的不和睦。即使之后得到了父母的道歉，现状也不会有什么改变。自尊，是完全可以靠自己的力量恢复和培养的。

缺少称赞，自尊就会降低吗？

曾经流行过"赞美能使鲸鱼跳舞"的说法，我们不能将这句话的意思理解为"赞美一定是好的"。错误的赞美只会让对方徒增空虚感，他对赞美的幻想和渴望反而会刺激愧疚感的产生。

只要恢复自尊就能幸福吗？

自尊不是情感。它虽然与情感相关，但准确地说，它是属于理性层面的问题。如果只是恢复了自尊，并不意味着就可以开心到冲上云霄。不过，当自尊开始恢复的时候，我们会变得更加大胆，对他人的评价也不再过分敏感。就算工作日的每一天都拖着筋疲力尽的身子回家，到了周末也可以痛快地放松一下；就算再怎么想逃避星期一的早上，也不会因此而荒废周日的傍晚。

恢复自尊会让你变得自恋吗？

恢复自尊的目的并不是拥有"无厘头的自信"，也不是成为"自恋男"或"自恋女"。通常，我们会把对自己评价过高的人称为"自恋型人格障碍"（自恋者）。这些人虽然看起来很傲慢，内心深处却总是因为害怕丢人而充满担忧。如果这些人的自尊得以恢复，他们就会开始承认并接受自己的缺陷，认识到自己的不足，获得继续向前发展的动力。

自尊真的可以恢复吗?

自尊,是一种感觉,代表着你认为自己所能达到的"高度"。这种感觉本质上虽然是思考和判断,但也会受到情感的影响。所以,自尊是流动性的,时刻都在变化。每当自尊的程度有所改变时,感觉自然也会不一样。就像坐过山车,当自尊提高时,可以达到兴奋的高点,而当自尊下降时,内心则会充斥着恐惧。

自尊恢复正常的人更能忍受这种速度感,他们并不会非常害怕,因为他们知道下降的时候也系好了安全带,真正发生坠落事故的概率非常小。上升的时候也是如此,因为他们知道马上就会下降,所以提前做好了准备。

基于同样的原因,恢复自尊也可以让人际关系变得更好。即使从周遭听到一些批评和质疑,这种打击也不会持续很长时间。即使自尊暂时被削弱,也不会把人们折磨得"死去活来"。拥有健康的自尊之后,良好的声誉和评价也会随之而来。

总结一下,被削弱的自尊是可以恢复的,人与人之间的区别就在于恢复自尊的时间不同。当然,这个过程不会很轻松,你也可能会屡屡遭受打击而灰心丧气。但可以确定的是,只要付出努力,就一定有恢复自尊的可能。

恢复自尊的过程和骑自行车有些类似。自尊本身会像行驶中的自行车一样不停地移动,我们需要骑上车子,慢慢领悟"如何掌握重心,控制好车把,让车轮转起来"。

骑自行车虽然是项单人运动,但我们很少看到独自一人学习骑车的场景。即便是拥有出众的运动神经和平衡能力的人,一开始没有他人的帮助也很难学会，一定需要有人在身边指导，掌控方向。

　　负责指导的人会从自行车的起源到如何骑好自行车的秘诀，尽量详细地进行介绍。不仅是骑车的基本技巧，还有如何做到长时间骑行不摔跤，如何保证骑行安全，如何佩戴防护装备，等等。

　　在我们骑自行车的记忆中，肯定有不止一次摔倒的经历。即便是有 30 年以上骑龄的人，偶尔也会有跌倒的时候。如果摔倒之后能扶起车子重新坐上去，并且知道如何处理自己的伤口，那这个人就不会因为摔倒而害怕骑车。他会沉迷于骑车，热爱骑车，享受骑车。我相信这本书的读者也可以成为这样的人。

3

自尊在当今社会变得越来越重要

　　自尊会如何影响我们的人生？用一句话概括：我们的语言、行动、判断、选择、情感等，所有的一切都会受到自尊的影响。

　　尤其是在当今社会，很多人都在抱怨生活的艰难。这种时候，自尊就显得更加重要，也被称作"心理健康的衡量标准"。认为自己不幸的人，无法恋爱的人，经常性抑郁的人，人际关系紧张的人……他们的问题都和自尊有关。自尊也和社会环境密切相关。一个人无论自尊感有多么强，如果把他置于需要承受持续性压力的环境，他的自尊感也会受挫。相反，自尊感弱的人同样可以随着环境的变化，慢慢得以恢复。

强调自尊重要性的时代

　　"为什么别人都能拥有美满的婚姻，聪明、可爱的孩子，一帆风顺的工作，而我却感到一切都这么艰难？"

　　近几年，提出这种问题的人越来越多。虽然经常听到，但每次面对这样的提问，我还是很难回答，因为我也经常会思考这样的问题。我也会想："为什么有一些医生赚得多，论文写得好，每周还有时间和家人一起去旅行，而我依旧没有自己的房子，文章写得一般，每天都很疲倦呢？"

别人的人生看起来总是很轻松，仿佛时机一到就会遇到合适的对象，相处一段时间觉得不合适就分手，难过了哭泣几天后又变得坚强起来，婚姻好像很顺利，工作也很不错的样子。

但是，事实真的如此吗？难道在这个正常运转的世界上，只有我孤单一人，艰难度日？先从结论说起，绝对不是这样的。

保持联系却依旧孤单的人们

与过去相比，我们的生活有了飞跃性的改善。与父辈相比，我们不必担心温饱问题，每个人手中都拿着几十万韩元（约为几千元人民币）的智能手机。然而讽刺的是，科技越发达，保持心理健康就变得越困难。这也是人类历史上不断重复的现实问题。18 世纪，英国工业革命爆发时，精神病患者急剧增加，特别是酒精中毒患者的暴增一度成为当时严重的社会问题。

随着 IT 行业的快速发展，我们的生活有了怎样的变化？一睁眼就可以看到新闻和天气预报，直到睡觉前也无法脱离智能手机的世界，这样的生活真的幸福、健康吗？

智能手机和社交网络的迅速发展无疑好处颇多，我们可以与素不相识的人实时沟通、交流。所有人都可以成为朋友，与地球另一端的人也可以做邻居。一边浏览着朋友们的 Facebook（脸书）、Twitter（推特）和博客，一边感叹不已。精致的室内装潢，美味的食物，海外旅行，读书生活，颇具吸引力的兴趣爱好……看着大家精彩的生活瞬间，不由得感到有点灰心丧气。除我之外的所有人仿佛都很幸福，对比之下，我变得抑郁起来。短暂的羡慕之后，我才发觉自己的生活是那么简单和无趣。

但是，他们的生活就真的像看起来那样充满幸福和满足吗？我想不是这样的，因为当人与人的距离越来越近时，戴着面具生活的人会越来越多。

新科技虽然拉近了人与人之间的现实距离，但人与人之间的心理距离却越来越遥远，这就是我们生活的世界。那些我们曾经以为的朋友，靠近之后才发现是敌人；好不容易敞开心扉，却受到了更大的伤害；终于鼓起勇气的一句话却换来过分的侮辱；那些曾经的队友、伙伴，其实是最大的竞争者。我们无法轻易同任何人坦诚相待，吐露真心时还要承受无数次的自我审视和别人的目光。我们可以向任何人倾诉自己的抱怨，却总感觉没有一个人真心倾听。因此，即使人们生活在一起，也会被可怕的孤独所折磨。

过去，如果有伤心的事情，我会告诉哥哥、姐姐。被同班同学抢走的钱，哥哥第二天就会要回来给我。如果遭到别人的无视，姐姐会一边安慰我，一边责怪我为什么不反抗。而如今，这些都很难实现了。且不说兄弟姐妹的数量比以前减少了，我们赖以生存的物理环境就已有了很大的变化。兄弟姐妹也会更专注于自己的人生，无暇顾及其他。公司的同事不会站在我这边，公寓的邻居也不会倾听我的烦恼。我们每个人都像一座孤岛，背负着各自的忧虑，孤独地活着。也许，这就是个四通八达却又壁垒丛生的时代吧。

自尊是最强大的资历

如今，改变的不仅仅是人，世界也在不知不觉中向我们提出了太多的疑问和要求。你想过怎样的生活？想成为怎样的人？你会选择哪条路？你想走多快？随时都会有各种各样的问题袭来。需要我们决定和回答的事情也越来越多，困惑和焦虑当然是无法避免的。年轻人常常无法逃避这样的问题："我到底擅长什么？"他们费尽心思地追寻这个问题的答案，却在过程中消耗了太多的能量。面对无数的问题，我们穷尽一生想追寻答案，却始终不得正解，真是令人郁闷啊。

伴随着信息爆炸时代的到来，我们固有的身份标签也常常被拿来比较，我们的思想、人生经历、判断、结果都成了比较的对象。也许正因如此，就连那些看起来"混"得不错的人，也会在内心深处埋着这样的疑问："我真的过得好吗？"

环境对自尊有很大的影响，总是与别人比较会滋生自卑感。你会怨恨身处的环境，不断审视自己的性格是否异常。在这样的环境下，人们很难寻找到问题的答案。即便知道问题出在哪里，也会因为没有时间而渐渐放弃思考，只能对已被削弱的自尊置之不理。

当周围的环境不理想时，拥有健康的心态将会是你最有力的武器。"我是谁？""我现在走的路正确吗？""我能做好吗？"不难看出，这些给人们带来困扰的问题都与自尊紧密相关。越是遇到这样的问题，强大的自尊就越能缓解你的伤痛，帮你找到正确的道路。

这是一个必须靠自己来维护自尊的时代。虽然关于寻找幸福的方法和文章已经在市面上泛滥，但真正的幸福源于坚定的自尊，健全的自尊状态才是帮助你在如今这个纷繁时代活下去最强大的武器。

Part 2

通过恋爱模式看自尊

1

怀疑自己是否值得被爱

青春小说中必不可少的就是爱情故事。为什么呢？也许是因为青春期是性欲最旺盛的时候吧。所谓"成长"，就是获得自尊的过程。拥有了自尊的人，会开始寻找属于自己的爱情。相反，如果自尊感崩塌，人们就会怀疑自己是否拥有爱的能力。

作为精神科医生，在日常的问诊中，我最常遇到的咨询类型就是"爱情烦恼"。与当事人交谈之后会发现，问题一定跟自尊有关。如果自尊没有得以恢复，那么爱情问题也很难顺利解决。

"还没做好恋爱准备"的内心独白

有些人深信自己不会得到爱情。令人难以理解的是，他们通常看起来长相不错，也很有魅力。这样的人为什么会抱有这样的想法呢？即使你给他们介绍条件不错的对象，他们也会找一大堆借口打退堂鼓。当你好奇地试探"你是不是眼光太高"时，他们会马上严肃地说，"就算对方一开始喜欢我，等加深了解后一定也会对我失望的"。与他们再交流几句之后，你就会发现这句话可能并非毫无道理。

令人惊讶的是，他们根本不承认自己的价值。这些人通常有强烈的结婚欲望，同时却又强烈地逃避婚姻。恋爱中的他们，会因为不确定要不要结婚而自我烦恼，甚至会去找一些占卜师咨询。对于"自己会爱上什么样的人""是否能跟一个人长久交往"，他们感到非常没有自信。他们认定自己没有恋爱的能力，无法一生只爱一个人，也终究不会得到爱情。但他们一想到要孤独终老，席卷而来的悲伤又会让他们对爱情充满渴望。

失去爱情后的自我否定

还有一些人不相信自己是有优点的。对于这些人，无论你怎样暗示他们有优点，他们也不会接受。他们虽然表面上会给出体面的答复——"我还没有做好恋爱的准备""我们的性格差异太大"，但他们的内心深处却充斥着这样的想法——"了解我的性格之后，你就会离开我""像你这么聪明的人，最后一定会厌倦我的"。

面对这些人，周围的人往往会觉得非常可惜。"对方挺不错的，为什么不试一下就放弃呢？""你也很可爱啊！"这样的话是绝对不管用的。在他们心中，对自己无法得到爱情的信念已经近乎妄想，难以动摇。他们甚至会用自黑的方式来说服想与他建立感情的人："连我妈都不爱我，你凭什么说爱我呢？"

这种类型的人一开始会给人留下谦逊、善良的印象，但同样的事情不断重复之后，人们的目光也会有所改变。他们往往也会在事后感到后悔，"如果当初能尝试继续相处下去该有多好"。然而，随着时间的流逝，年纪渐渐增长，他们自尊匮乏的老问题还是没有得到改善。

他们总是因为自卑而错过爱情，失去爱情后，自尊感更是一落千丈。他们一边后悔自己错过了爱情，一边又坚信自己是个不配被爱的人。这样的恶性循环持续下去，只会让自我否定变得更加严重，最终酿成更大的悲剧。

缺乏基础信任

对自己"值得被爱"的认可，源于"信赖"，这是我们赖以生存的必需品质。

人虽然是独立存在的个体，但彼此只有保持基本的信任，才有可能组建团队，从而形成社会。乘客只有相信司机，把生命托付于他，旅程才可能顺利进行。如果你怀疑司机的驾驶资质，那这一路的旅程就很难顺利完成。

对他人出于本能的信任被称作"基础信任"（basic trust）。人出生后的第一个基础信任对象就是母亲。婴儿饿了，妈妈会让他吮吸乳头；尿布湿了，妈妈会拿去换掉。他们之间需要这样的信任。如果妈妈在喂奶的时候不停地发牢骚吐槽自己的辛苦，对孩子置之不理，那么这个孩子将无法形成对世界最初的信任。母亲的拒绝，会让孩子产生这样的想法——"我为什么总是肚子饿，世界不需要我这样奇怪的家伙"。

当然，并不是所有没有基础信任的人，问题都源于母亲的爱与养育方式。有些人虽然形成了对父母的基础信任，但之后的各种人生经历也会让他渐渐打破这份信赖。

不信任自己也能毁掉人际关系

如果不相信自己的魅力和能力，在与他人的关系中也很容易遇到问题，因为他们总是在怀疑对方爱自己的理由。对于已婚者而言，自我不信任会引发"疑妻病"或"疑夫病"。可能是因为经济实力不足，性能力丧失，或其他自卑心理而导致自尊感的崩塌，进而演变成对别人的怀疑。仔细分析这种心态就会得知，他们被脑海中各种不自信的想法所充斥、掌控。

这些人往往意识不到自己的自卑和心理状态，他们试图通过指责对方来解决问题。虽然表面看起来，他们的痛苦源于"太爱对方"，实际上是因为他们不信任自己才备感折磨。

那些无法摆脱"坏男人"的女人，还有那些被"小白脸"纠缠到倾家荡产的夫人，都面临同样的问题。她们误以为这个人离开后，将不会再有人接受自己，这种错觉让她们难以承受离别。持续的交往并不是因为至死不渝的爱情，而是因为她们害怕分离。

开始关心自己

上面提到的问题，都源于"自己不值得被爱"的定式思维。实际上，世界上没有任何一个人拥有绝对被爱的资格和价值，没有人在任何方面都是完美的。同样，也没有人在任何地方都毫无用处，只是有一些人会认为并坚信自己一无是处。

如果真的想了解自己是否有被爱的价值，那就让我们认真地审视一下自己吧。让我们一起去探讨自己的性格是否真的受到父母矛盾的影响。这些影响如何作用于我们？我们的性格是怎样的？我们哪些事情做得对？我们哪些事情做得不好？

方法很简单，拿出一张纸，写下自己的优点和缺点，特别要注明自己哪些点不值得被爱，哪些点不能被信任。认真地审视一下自己的内心世界吧。

了解得越多，越容易去爱

爱是一种情感，它不能凭借意志强制发生。如果不是发自内心地去爱，无论多么用力地呐喊"我很可爱！"，爱情也不会凭空喷涌而出。因此，我们不能强求爱情的发生，这样的要求也不会得到满足。

尝试写下你的优缺点吧。如果绞尽脑汁都想不出自己的长处，可以换种思路，把"我在别人眼中的优点"记录下来。即便只是别人的误会，即使只是你表面看起来的样子，都没有关系，只要是别人说过的话，都如实记录下来就好。

这种做法会让你开始对自己产生兴趣。世界上的每一份爱都源于关心。"家住哪里？""做什么工作？"爱的萌芽正是从这些看似不起眼的小关心开始的，爱自己也是一样。我是谁？我是如何生活到现在的？都是我们需要关注的内容。

还是挺有趣的吧？爱一个人的能力，归根结底是源于想更了解这个人的动力。随着了解的加深，你会拥有更多去爱的能力。

走出自卑，从今天开始

记录下你眼中的自己

让我们从关心自己开始。为了更了解自己，请尽可能具体地写出自己的优缺点。

1. 我的优点和我的缺点。

2. 我擅长的事情和我不擅长的事情。

3. 别人口中"我擅长的事情"。

2

否定自己的价值

如果不能爱自己，就很难有愉快的感觉，这就像要和自己不喜欢的双胞胎兄弟时刻待在一起。虽然别人什么都没有做，不爱自己的人却总有一种被欺负的错觉，对待任何事情的态度都很悲观。

相反，如果能做到爱自己，人生就会变得轻松、简单起来。即使独自一人走在路上，也会有与朋友并肩同行的感觉。哪怕孤单，也不至于备感折磨，彷徨的时候还能从喜欢的"我"那里得到一些建议。这并不意味着他们会变成独行侠。那些爱自己的人不会因为独自一人而感到害怕，他们总是充满自信。这份自信，会消除与他人在一起时产生的不安感，同时也会为他们的魅力加持，让他们获得周围的人更多的喜爱。

我不喜欢的我

我也有讨厌自己的时候。高中一年级结束时，我陷入了无力感的旋涡。早上不想起床，没有胃口，对任何事情都提不起兴趣。拖着没有洗漱的邋遢身子走进学校，坐在最后面的座位上睡觉、发呆。

作为人们眼中模范生的我，对这样的自己也感到有些陌生。但当时的我实在连惊讶的力气都没有，所以也并未感到有多大的冲击。朋友们议论纷纷，他们猜想我一定是晚上通宵学习，白天才在课堂上打瞌睡。我甚至没有力气去反驳他们。

然而，我并没有对任何人发脾气或表达自己的感受。家人当然也是一无所知，哥哥认为我一定是面临高考压力而变得敏感。我只是在心里默默嘲讽："你们什么时候关心过我？"

突然有一天，妈妈带我去了家附近的一家小书店，面无表情的她好像在暗示我可以随便拿我想要的书。在书架间徘徊许久的我，选择了一本《爱自己》，只因封皮上那句"如果我不爱自己，也不能去爱任何人"吸引了我的目光。每当我打起一点精神时，就会拿出那本书翻看，消磨时间。

回想当初，其实比起无力症，"对自己的不理解"更加让我痛苦。我无法理解，甚至讨厌那个看起来软弱、毫无意志、完全没有胜负欲的自己。如果是因为成绩下降或是有家庭矛盾这些外在因素，我可能心里还会好受一点。这种不喜欢自己的感觉比想象中的更令人难受。

那本书的具体内容我已经记不清了，但对于一个 17 岁的高中生而言，"爱自己"的字眼成了很重要的提示和契机。那是第一次有人告诉我，爱自己是多么重要，如果做不到会有什么样的后果。多亏那本书，此后每当我心情烦乱的时候，我都能鼓起勇气告诉自己："面临当下的困境，要选择爱自己的那条路。"不管是对我多么重要的人，我都不能因为他而放弃爱自己。正因如此，我才能很坚决地跟那些给我带来痛苦和不幸的人告别，摆脱了酒精和网络游戏的束缚。因为我明白，比起一味地迎合他人和收集游戏道具，照顾好自己的人生更重要。

随着时间的流逝，我成了抚慰他人心灵的精神科医生。那些因为不会爱自己而备受折磨的人，会来找我寻求帮助。我会对他们格外用心，也许是因为自己也曾有过类似的痛苦经历吧。

如果能回到过去，20 岁的我依旧不会理解自己为什么那么无力和懒惰。我也依然会有懒惰的时候，并对那样的自己感到不满。也许是因为从小就是看着事事都拼尽全力的父母长大的，对那种拼搏的热血有一种迷恋吧。

这种令我厌恶的情绪也困扰着我的大学生活。医科大学里有着数不清的优秀人才，他们不仅聪明，还会喝酒，总能让人感受到满满的诚意，一切的一切都和我产生了鲜明的对比。"为什么我就不能像他们一样干练、成熟呢？""为什么我不能一次性背下来呢？"被这些问题纠缠的我变得越来越自卑，而这种自尊心受到伤害的感觉也不能随便找人倾诉。那些选择了其他生活道路的朋友，有的去当了兵，有的还在考试村①艰难地挣扎着，他们都对我的状态羡慕不已。如果我把自己的内心感受告诉这些朋友，他们当然无法理解。毕竟，连我自己都无法理解的状况，又怎么能说服别人理解呢？最终，我用闭嘴的方法挺过了那段时光。回顾过去，那是我第一次真切地感受到，不爱自己是多么痛苦的一件事。

---

① 考试村：韩国考试院聚集的地方。考试院是考生住的狭小房间。

最亲近的朋友就是自己

讨厌或不关心某个人并不是什么特别的事情，每个人都会有自己喜欢或者讨厌的对象，但如果讨厌自己最亲近的人，可能就会产生问题：如果对自己的伴侣或恋人毫不关心，你就很难有幸福的感觉；家人或者同事中，如果有自己讨厌的人，你的心情就不会愉快；夫妇间的冷淡也会给子女带来不好的影响。那么，设想一下，如果你讨厌的对象是自己，会是什么样的感受呢？一言一行，一举一动，吃喝拉撒的每个瞬间都要和讨厌的自己共处，问题就会变得更严重了。毕竟，每次照镜子都能看到自己讨厌的样子。

不爱自己的人，总会在不知不觉中烦躁起来。讨厌无力的自己，讨厌个子小的自己，讨厌性格不好的自己……他们常常把矛头对准自己，拿自己和其他人比较。假设一下，如果有人整天指责你，把你和别人比来比去，你会怎么想呢？如果有人天天对你洗脑似的唠唠叨叨，说"你就是没出息，你就是没有别人有本事"，你又会作何感想呢？

讨厌自己就是这种感觉。如果被别人指责，还可以选择逃避，但如果是讨厌自己，这就行不通了。你不得不整天听着那些唠叨，一点点累积不愉快的经验。在无数的比较和指责中，自尊感会愈发减弱，思维也会向悲观的方向发展。

相反，如果一个人爱自己，他的人生就会变得轻松很多。当他和爱着的自己相处时，就像身边有一个心意相通的好友。即使偶尔有孤单的感觉，生活的主基调也不会改变。哪怕是一个人的旅行，也仿佛是和同行伙伴一起度过愉快的时光。每次看到镜子里的自己都会感到欣慰，听到自己的声音，内心也会变得平和。他们能做到自我安慰和自我鼓励，尤其是在需要反思自己的某些行为时，他们不会深陷在不了解对方想法的焦虑与不安之中。

当然，即使是爱自己的人，他们也会遇到一些痛苦的事情。他们可能会考试落榜，也会和爱人离别，或者承受父母离世的痛苦，但当这些事情发生时，他们不会纠结于自己的过错，把指责的矛头对准自己。他们会慢慢接受不顺利的现实，痛苦的时间也不会持续太久。

当生活出现问题时，他们会积极地寻求解决方案。这是因为他们不会在日常生活中把能量消耗在同别人的比较和贬低自己上，正如身体健康的人即使得了感冒，也能凭借较强的免疫力很快恢复。这种力量不亚于身边有一个为你打气、给你安慰的朋友。对他们而言，自己就是最好的保镖。

告诉自己"没关系"

如果想拥有轻松一点的人生，你就要经常跟自己说"没关系"。一直以来，我们都生活在充斥着竞争、对比和责难的世界里，总是纠结于自己的"奇怪"和"缺陷"，给自己不必要的责备，深陷委屈和悲伤中不能自拔。所以，从现在开始，我们要尝试给自己一点略微夸张的安慰。也许有人会质疑："这样不会陷入过度的自我安慰吗？"这是个好问题，我的回答是否定的。如果长期活在折磨与自我压迫之下，就更应该学会跟自己说一声"没关系"，"这一切不是我们的错，是社会的错，是教育不当的错"。哪怕是心理投射也没关系，请尽可能地给予自己宽容，告诉自己"你可以沉浸在自我安慰之中"。

就算自尊感暂时被削弱也没有关系，你会因此而更加努力，偶尔的软弱与无力也不会对你造成太大的影响。即便有些事情可能无法马上获得成功，也希望你能告诉自己"没关系，辛苦了"。毕竟，我们现在只是迈出了第一步。

走出自卑，从今天开始

"没关系"日记

V

想想今天做过的事情，给辛苦一天的自己一些慰藉吧。这不仅仅是对自己的安慰，未来当你与心爱的人交往时，也可以使用这个办法。方法很简单：

1. 今天经历了什么事情？

例：今天读了关于自尊的书。

2. 一想起这件事，你的感受如何？

例：我会担心自己是一个自尊感弱的人。

3. 写下关于这件事的"没关系"。

例：读完这本关于自尊的书后，我担心自己是一个自尊感太弱的人。不过没关系，读这本书会这样想也不算奇怪吧，如果没有这样的想法反倒不正常了，所以，没关系。

3

需要不断确认的爱情

　　被很多人喜爱或是很受欢迎的人很容易被认为是自尊感强的人，然而在人气明星中，得抑郁症的人却不在少数。即使是受到大众喜爱的艺人明星，无论其受欢迎的程度如何，都会经常感到焦虑和孤独，认为自己不值得被喜欢。这些人为了弥补自己的缺陷，往往会不断地用夸张的行为和过度的包装来伪装自己。但越是这样，他们的内心就会越荒芜，自信心逐渐被削弱，甚至怀疑别人对自己的喜爱是否真实。他们坚信不会有优秀的人喜欢自己，因此更容易接受那些别人眼中"不般配"的爱情。

爱与执念同行

　　有一种人，即使得到了优秀对象的爱情告白，也会带着怀疑的态度开始这段关系。最初的怀疑会在交往一段时间后变成捆绑式的纠缠。也许有人认为这是强烈爱情的表达，但在我看来，这不过是一种执念罢了。执念是一种病，再牢固的爱情也会因为执念而走向陌路。

如果爱情是因为执念而离开的，自尊感就会更加减弱，他们只会产生自己不值得被爱的想法。因为自尊感弱而导致执念的产生，又因为执念从而造成了自尊感的削弱，这样的恶性循环着实令人惋惜。

法顶禅师的著作《无所有》中讲述了一个养兰花的故事。当收到他人赠送的花盆开始栽培兰花的时候，法顶禅师感受到了莫大的幸福。他坦言，浇水、晒太阳、观察兰花成了他日常生活的一大享受。但不久之后，担忧就接踵而至。每次离家，他都担心兰花会干死、冻死……各种前所未有的焦虑纷至沓来。

如果你养过小狗、花草或者其他有生命的东西，应该就能理解法顶禅师的心情。一旦对某件事物产生爱意，恐惧就会与幸福感一同降临。如果这个对象是人，我们就称其为"爱情"。坠入爱河的男女，在享受甜蜜、幸福的同时，也感受着对分手可能来临的焦虑不安。所以，大部分恋人会经历交往三个月的时候争吵又和解的过程：安慰→和解→再次相爱→和解→争吵。循环往复。

缺乏自尊的人会比其他人更强烈地感受到这个过程。他们可能很难开始恋爱，一旦开始又会很快与对方有激烈的争吵，想和解也不是件容易的事情。在这个过程中，他们的自尊感会再一次受到打击。每当开始一段新的恋情时，他们都会小心谨慎，因为他们也很讨厌那个放不下执念的自己。

如果相爱，为什么会这样?

人们坠入爱河的理由有很多，温柔、尊敬、好看、单纯、可怜等，又或者什么理由都没有。

如果只有"因为对方爱我"这一个理由，那就需要格外注意了。这句话隐含的意思是"爱我是件很特别的事，其他人不会这样做"。爱的感情中，本就包括了"特别"的意义。"因为好看"是指对方特别好看，"因为钱多"意味着他明显比其他人富有。因此，"因为他爱我，所以我爱他"的表述就意味着"自己原本没有被爱的价值，这个人喜欢我是一件很特别的事"。

拥有健全自尊的人会把"我值得被爱，别人爱上我是一件很自然的事情"当作经营感情的前提，这种想法也是维系爱情的重要保障。相反，一个遗忘了自身魅力和价值的人，很难好好经营一段感情。

情侣争吵的原因，大多是对"你爱我"这一命题产生了疑问。错过纪念日、忘记约定、不经常打电话等各种各样的理由，都会得出同样的结论——"这些行为意味着爱情已经降温"。"如果你还爱我，怎么能这么长时间都不打一个电话？""如果你还爱我，怎么能对其他女生那么亲切？""如果你还爱我，怎么能忘掉对我们而言这么重要的日子？"争吵都是这样开始的。虽然使用的表述方法可能不一样，但核心意图都是在确认"你还爱我"这一命题是否还成立。"我真的很爱你，但因为太忙了，实在没有时间打电话。如果你爱我的话，这点小事儿都不能理解吗？"类似于这样的反驳会进行几个回合，在激动的情况下，必然会引发更大的争执。如果只是一些小的情侣争吵还好，问题在于这样反复的争吵会让人渐渐开始怀疑爱情的本质。这就是那些自尊感薄弱的人最典型的爱情模式。

如果不能确认自己是值得被爱的，他们就会开始怀疑对方。一株草、一束花的栽培都需要投入很多的时间和精力，如果一直把精力花费在质疑"你到底爱不爱我"上，这段感情又能坚持多久呢？

对于那些自尊感薄弱的人，每一句话都包含了各种各样的含义。例如，问对方："怎么这么晚？"这不单单是在抱怨对方没有遵守时间，也暗示着"因为你觉得我是无所谓的存在，所以你没有遵守约定"，甚至还夹杂着强烈的自我否定——"当你一开始爱上我的时候，你没有察觉到我的不好，现在你认识到真正的我了，爱情就随之冷却了"。

因此，这种模式的情侣争吵往往会朝过激的方向发展，因为亟待解决的问题会越来越多。不单单需要解释迟到的理由，要确认彼此依然相爱，甚至还要不断地强调对方有被爱的价值。问题在于，要想做出这些反应需要消耗巨大的精力，这也会导致当事人不再想去改变以后的行为或者迎合对方的想法。

自尊感薄弱的人，在谈恋爱的时候很难将注意力集中在对方身上。他们更多的是关注自己的坏脾气、外貌、伤口、缺爱等各种不足之处。谁都看得出来，这不是爱情的问题，是关于自尊的问题。

不一样的情侣吵架

反观那些拥有健全自尊的人，他们呈现的爱情是另一种样子。认可自己价值的人，不会在这种问题上纠结太久。偶尔情绪低落或感到焦虑时，他们也会坚定地认为"我是一个值得被爱的人"。这些人即使与恋人吵架，也只会围绕对方特定的具体行为展开。例如，"电话关机几个小时""喝酒喝到半夜""约会时迟到了两次"等，他们只会因为这些事实生气，并努力寻找解决问题的方法。

当然，自尊健全的人也会感到愤怒或悲伤。当感觉到爱情冷却或被忽略、无视时，他们也会生气，但他们的"小打小闹"往往不会朝更严重的方向发展。他们不会过度地宣泄情感，让无休止的争吵给彼此带来伤害。他们会尽快采取对策，促成感情的和解和彼此行为的改善。"如果想让我安心，你应该……"他们会传递这样的信息来提高沟通的效果。因为他们懂得，应该将重点放在如何让对方改变表达方式上，同时自己也要配合对方做出一定的改变。

所谓"爱情"，需要你付出足够的能量来获得你想要的幸福感。不要把时间和精力消耗在思考"对方是否爱我""我是不是一个值得去爱的人"这样的问题上，而应该更多地关注如何去建立更加健康的爱情关系。

打造完美爱情的基础工作

"意识到自己的可爱"是维持爱情的必备工作。如果这道防线崩塌了，就很难经营一段稳定的感情。那些使出浑身解数去维系爱情的人，每一次深受打击的原因中，最具有决定性作用的就是忘记了"自己是个可爱的人"。

很多人为了爱与被爱而不懈努力，他们着力打扮自己，改变说话、行动的方式，甚至努力提高自己的能力，换一个工作。然而，比这些更重要的还是"爱自己"。只有爱自己，你才能在恋爱时把注意力集中在两个人的关系上。如果对自己没有信心，就会在应当为对方考虑的时候只想着自己，应当为自己考虑的时候却想着对方。

如果你总是忘记"自己的可爱",那么从现在开始,要试着改变看待事物的视角了。买衣服或做美容的时候,不要去想"他喜欢什么样子",而是要先考虑"我喜欢什么样子"。你也许担心这么做会让你变成一个自私的人,其实没关系。过去的我们习惯于依赖他人的视角和评价来获得爱情,从现在开始,我们要努力对自己宽容一点,做自己的主人。

走出自卑,从今天开始

为自己挑选一件礼物

礼物是爱的象征。当你爱一个人时,会总想送礼物给他。当收到恋人的礼物时,我们也会感受到"啊,这个人原来这么爱我",脸上会不禁露出微笑。这就是礼物强大的力量。

从现在开始,为自己挑选一份礼物吧。用心想一想,对自己来说,最好的礼物是什么?收到什么样的礼物会让我开心?选好礼物之后,别忘了称赞自己是个挑礼物的达人。这样,就可以在爱自己的道路上又迈进一步。

当然,也会有一些人觉得这样的行为有些虚伪和不自然。他们满脑子都是"我有什么资格收礼物""这么做,我就能爱上自己吗"的念头,充满了抵触情绪。这种时候,反倒证明了他们过分忽略自己的事实。如果内心出现了反感,这意味着你更应该好好地照顾自己了。赶紧为自己精心挑选一件礼物吧!

4

无法停止争吵的关系

韩国有句谚语："夫妻吵架是抽刀断水。"我认为韩国的高离婚率是离不开这句谚语的"助力"。这句话很容易让人产生错觉——夫妻吵架是很正常的事情，经常争吵也没什么。

其实，这句谚语的关键不在于水，而是刀。挥舞着刀到处乱砍，是一件多么危险的事情。如果用刀去砍石头或者树木，刀刃可能会变钝。但是，如果砍的对象是水，刀刃不就可以穿透水面肆意伤人了吗？

人不可能一辈子不与别人不争吵，但我们不应该把吵架当成家常便饭，把围绕爱情的争吵合理化。

那些自尊感强的情侣也会吵架，但他们争吵后留下的伤害往往很小，恢复的时间也很快。他们不会让争吵发展到伤害彼此自尊的地步，他们懂得如何去调节争吵的力度。

如果一年后还在吵架

大多数的人际关系问题都源于不同的沟通方式。从不同的父母教育、不同的地域、不同的环境中长大的男女，当然会以不同的方式来展开对话。在调和这种差异的过程中，难免会经历几次火花的碰撞。通过这样的方式解决了矛盾后，普通的朋友关系会发展成真正的恋人关系。

大多数情侣都会在 3~6 个月后减少争吵的次数，找到比较稳定的状态。也有一些情侣到了这个阶段依旧无法达成妥协，不断激烈的争吵后，最终走向分手。但是，如果恋人中的一方自尊感突然削弱，情况就有些模棱两可了：不再相爱却无法分手，却总是互相指责、互相攻击。

如果交往一年了，争吵也没有减少，那就应该检查一下两个人的自尊状态了。有一些情侣会说"吵架不算事儿，我们床头吵架床尾和"，其实这并不是值得骄傲的事情。就算激烈的争吵后，两个人可以不计前嫌地重归于好，但实际上这些争吵的次数已经烙印到了彼此的大脑里。

就算在争吵中获胜也存在问题，因为你用气势压制的对方是你爱的人。以出色的辩论和逻辑压倒丈夫的妻子，只会产生"老公的逻辑思维能力不如我"的想法。胜利的喜悦只是暂时的，因为逻辑性不足的丈夫无法令妻子感到满足。失败的一方压力会更大，无论是被言语还是力量打压，都会令其陷入愧疚感之中。就算从对方那里得到了充满爱意的安慰，心情也不会愉快起来，毕竟他遭受的攻击来自曾经最信任的那个人。

情侣其实是一个团队，无论多么出色的团队，都会有分歧和冲突存在。但我们要知道内斗是最愚蠢的行为，因为在分辨是非、互相攻击的过程中，整个团队都会遭遇失败。即使你再怎么委屈、难过，你所在的团队在别人眼里都只是一个"糟糕的团队"罢了。

争吵，另有缘由

不相信自己的人，也不会相信恋爱中的自己。首先，和对方交往这件事本身就令他没有信心。因此，这样的人总是在问："我现在可以恋爱了吗？""这个人真的适合我吗？""这个人也会马上离开吗？"

单恋和好感是人类本能的情感表现，恋爱却不一样，它不是一种感觉，而是一种判断。单相思是一种感情，但恋爱却是一个决定。因此，如果对自己的判断力没有自信，就只会陷入不安。

那些不爱自己的人也会面临类似的问题，对于这些人而言，无论对方怎样爱自己，他们都难以理解。他们常常怀疑："你这么正常的人，为什么会喜欢我呢？你是不是只喜欢我的外表？"这种不断刨根问底的做法，很容易流露出他们对感情的偏见。

那些总是贬低自己的人，往往会向对方提出过多的要求。对于恋爱的过分欲望，会让他们不满足于平凡的关系。他们渴望去探究更多关于本质的、形而上学的东西。比如，"我童年几乎没有感受过爱，现在想要这样的爱情也无可厚非吧""我不稀罕那些普通人的恋爱，我想要精神层次的爱情"。

如果是这样，情侣就无法以稳定的心态来分享彼此的好感了。约会的时候会感到不安，听到爱的告白也不愿相信，执念会越发严重，感情陷得越深就越不安。为了消除这些焦虑，必定需要消耗一些能量，这也为不断的争吵提供了必要条件。

情侣争吵会带来更大的伤害

争吵与对话的区别在于争吵的目的是攻击对方，情侣争吵也不例外，甚至比陌生人之间的争吵还要危险。因为相爱的关系很亲密，情侣会知道很多别人不曾了解的事情。如果存心大吵一架，可能会给对方留下难以磨灭的伤痛。连少得可怜的"自尊"都可以夺去的，就是情侣之间的争吵。

因此，恋人或夫妻之间的争吵常常会酿成很大的悲剧。讽刺的是，越是亲密的关系，攻击的方法就越多，对对方的疑心也会越重，越容易发生直接性的攻击——"你总是这样，在公司也一定是这个样子吧""在这样的父母身边长大，怪不得你是这副德行"。因此，情侣之间的争吵会带来严重的内伤。虽然是通过语言和情绪争执，但也会筋疲力尽，更不必说还有一些争执会通过暴力留下外伤。

无法与相爱的人分享完美的爱情，这对任何人而言都是痛苦的，也是无法向其他人倾诉的苦恼。曾经以为恋爱会提高自尊感，没想到反而让自己变得更加自惭形秽。

太痛苦的爱情不是爱情

从《白雪公主》到《春香传》，我们每个人都有关于爱情的幻想，爱情的幻想会让我们感到幸福。人们坚信，如果遇到真正的爱情，就可以治愈所有的伤痛。

自尊也很相似，很多人相信可以通过爱情来恢复自尊。越是过去经历过不幸的人，越坚信可以通过爱情来抚平伤口、收获幸福。

那些重拾自尊的人，首先想做的事情便是寻找爱情。而在他们自尊受挫的时候，最先依赖的也是爱情。

因此，自尊感弱的人无法轻易结束一段感情。即使不是自己想要的爱情，也会咬牙坚持，哪怕遍体鳞伤、被抑郁症困扰，也没有动过分手的念头。他们依靠偶尔听到的告白或者毫无根据的"爱的错觉"维系着脆弱的爱情。"除了他，可能不会再有人爱我了。""我难以承受离别。"因为这些想法，哪怕是面对战争般的爱情，他们也会努力不让这段感情走到尽头。"爱情是唯一的希望"，这样的想法已经让他们俯首称臣，陷入无尽的悲伤。

在做咨询的过程中，一个令我惊讶的事实是，有太多的人将悲伤和爱混为一谈。生气到落泪，不安到抑郁，悲伤到撕心裂肺……这些感觉都被误以为是因爱而生的悲伤。其实，那只是悲伤罢了。像歌词里写的那样，太悲伤的爱情不是真的爱情。很多时候，离别才是通往幸福的捷径。

走出自卑，从今天开始

祈祷和相爱的人"继续爱下去"

我们不必强求，非要和现在的爱人白头偕老，毕竟有时候快点分手也是件好事。但是，如果你正在恋爱，那就没有必要做那些让分手提前到来的事情，也不必提前担心如果爱情走到尽头应该怎样面对。不要去试探和折磨你的恋爱对象，如果你正在恋爱，就祈祷让彼此更加相爱吧。

爱情本就是复杂的东西，因此常常会引起各种混乱，我们甚至会把怀疑和束缚也误以为是爱情。最重要的是，如果遇到对的人，就去祈祷拥有轰轰烈烈的爱情吧。每天入睡之前，试着祈祷"让我更爱这个人吧"。

5

害怕离别，无法放手

有些人特别害怕离别，即便再也不想见面，也会因为害怕分手而无法放弃一段关系。就算周围的人看不下去劝他分手，他也明知道这份感情终有一天会走向破裂，却仍旧无法下定决心离开，只能艰难地延续着这段感情。甚至当他遭受无视或暴力时，还是无法离开，或者对方借了一大笔钱，却始终无法张口要求对方还钱。因为他担心维护自己的权益，会导致对方离开。

寻找离别诊所的人

在我的博客中，有一个板块叫作"离别诊所"，有很多人在读完那里的文章后来找我做咨询。他们中的大部分人在离别前承受着巨大的恐惧，或者分手后难以恢复正常的心态和生活。这个问题其实并不局限于爱情。

寻找离别诊所的人一般可以分为两类。一类人会把分手的恋人过度理想化，他们会吹捧地说"我们曾经是多么天造地设的一对"。

分手带来的悲伤和打击已经削弱了他们理性判断的能力。

　　另一类人深陷在自怜中不能自拔。这些人沉浸在离别的悲伤中，就像喝醉酒一样，不停地感叹自己可怜的人生。实际上，经常自怨自艾的人往往也是酒精中毒患者。他们自认为是可怜的主人公，将自己封锁在安慰与被安慰的生活中。

　　那些害怕离别的人，总是为"离别"一词刻上否定的烙印。他们认为分手后的人生就走到了尽头，于是会在遇到实际困难之前就开始沮丧，害怕未来的生活难以继续。他们的核心情感大多是"孤独"。在他们的认知里，独处意味着孤独，而孤独则意味着折磨。他们坚信独自一人绝不会得到幸福。他们笃定自己是"柔弱到无法独处的人"，无论对方多么糟糕，他们都不会选择分手。这一切都是因为他们太轻视自己了。他们坚信这个世界上不会再有第二个像对方一样爱自己的人，并依靠这样的信念维持着关系。

对"独自留下"的恐惧

　　对离别的恐惧通常与曾经的创伤有关，这些人往往有着被独自留下的心理阴影，特别是在 7~10 岁这个阶段有过被独自留在家中的经历。如果那个时候经历了恐怖的事情，他们就会给"独处"刻上不愉快的烙印。这种被独自留下的恐惧，也可能发展为对父母的埋怨——"那个时候为什么要留下我一个人？"因为那种被抛弃、失去保护的记忆太过清晰，所以他们很担心会再次变回那个软弱无助的自己。

　　当孩子因为被独自留在家里而害怕得瑟瑟发抖时，大人们一句

"宝贝，你真勇敢"的称赞，也许会让孩子的恐惧减少一点。孩子虽然很不安，但毕竟也拥有了获得勇气的机会。但是，如果在独处时遭遇了危险（被性骚扰、接到骚扰电话等情况的风险比较大），孩子就会受到巨大的伤害。如果那份不安的情绪没有得到理解和回应，就会给孩子留下心理创伤。

此外，被排挤、欺负、孤立也会给人们造成心理阴影，人们会害怕再次发生类似的事情，再一次被孤立和伤害。

离别对任何人而言都很难

离别不是件简单的事情，失去长时间拥有的东西会让人感到不安和空虚，更何况是与人分离呢。我想对那些因为"不想离别而痛苦的人"，还有"离别后备受折磨的人"说一句："离别对任何人而言都很难。"你现在所经历的离别之痛，是世界上所有人都会经历的痛苦，只是大家处理痛苦的方式不同罢了。有些人会像我一样选择接受命运的安排，当然，我也是最近才开始慢慢接受的。不仅每个人选择的处理方式不同，即便是同一个人，选择的处理方式也会有所变化。

因此，不管你选择了何种方式来应对离别，我都希望你能宽容地接受。有些人哭哭闹闹几天，有些人笑着装作没关系，有些人会发火、生气，而有些人只是默默地忍受，并没有所谓的"规定"要求你不能生气或不能忍耐。

离别是照顾自己的宝贵机会

没有必要给离别打上不好的烙印，就像世上没有绝对的好事一样，世上也没有绝对的坏事。离别之后，虽然独自一人会感到孤单，但你也同样拥有了自由的权利。当我遇到那些患有抑郁症的 30 岁的母亲之后，我明白了这个道理。她们的烦恼很相似——想找回"独处的时间"。从怀孕的那一瞬间起，妈妈们的自由就被剥夺了。除了吃喝上的小心谨慎，从睡觉到日常活动，每一件小事都要担心会不会影响孩子的健康。孩子出生后，为了照顾孩子，妈妈们甚至没有时间去解决自己的基本生理需求。

无论是职场妈妈还是家庭主妇，都没有自由可言，她们几乎没有机会独自享受安心的休息和舒适的睡眠。因此，她们非常渴望自由，渴望能拥有独处的时间。有一位妈妈曾经哭着说："我只想在空无一人的公园里尽情地奔跑。"

而五六十岁的女性则刚好相反，更年期的女性很害怕独自一人。她们已经祈祷了 20 余年"求孩子们快点结婚，让我过点轻松的生活"，但当这一天真正到来的时候，她们又会陷入沮丧和空虚之中不能自拔。一些明智的 50 岁的女性克服了更年期症状，享受着愉快的生活。因为她们终于明白，现在不再需要看任何人的眼色了，她们可以尽情地体会自由的感觉。

所以，当你独自一人时，就把它当作享受自由的机会吧。虽然和相爱的人在一起会很快乐，但同时也有很多制约存在。你得到了多少，就应该把等量的关怀和尊重反馈给对方。然而，当你一个人的时候，就可以放心地照顾自己。不需要对方的同意或逆耳的忠告与干涉，可以完全从这些束缚中解脱出来。

我会鼓励离别之后的人去旅行。一个人的旅行虽然看起来多少有点凄凉，但当你真正启程后，就能体会到那份满足。你不需要看任何人的眼色，可以自由地挑选想离开的时间，选择喜欢的交通工具，所有的日程都可以自己安排。哪怕旅行到达的目的地很一般也没关系，只要体验一次，你就会感叹自由的价值——"原来独自一人的感觉也不错啊"。

和恋人分手之后，我们需要时间来回顾自己从这份爱中得到了什么，学到了什么。哪怕不是一次声势浩大的旅行也没有关系，可以是一日行，也可以是故地重游。当时的我只在自己熟悉的首尔转了转，早晨坐在地铁上，假装自己是刚到首尔的外国人。对我而言，那是一次不错的体验，因为它让自由成为可能。

走出自卑，从今天开始

制订计划，告别坏习惯

离别是培养孤独力（独自一人生活的能力）的机会。无论现在的你多么幸福，总有一天要面对令人心痛的离别。为了减少那时可能承受的心理打击，提前练习是很有必要的（这并不意味着你要刻意与和谐相处的恋人或家人分开）。从今天开始，尝试和那些对身体有害的坏习惯说"再见"吧。睡懒觉、夜间暴饮暴食、酗酒、抽烟……我们需要和这些坏习惯告别。坏习惯会让人上瘾，而英文中形容这些"上瘾者"的单词"addict"，就是从罗马时代象征奴隶的

"ict"一词派生出来的。由此可见，坏习惯真的会征服我们，而摆脱它们才能获得真正的自由。

现在，请把你想摆脱的坏习惯写下来。和这些坏习惯告别之后，生活会有哪些改善，也一起记录下来吧。

例：

我想告别晚上暴饮暴食的习惯。→身体会更健康。

我想摆脱责备自己的习惯。→我应该能活得更坦荡。

我想改变开车时总想伺机超车的习惯。→可以避免发生事故。

我想摆脱总是看手机的习惯。→疲劳感消失，生活更加悠闲。

我想改变总是忍气吞声到大爆发的习惯。→不会再自责、后悔。

我再也不想在深夜给分手的情人打电话。→不必再感到羞耻和惭愧。

6

害怕被讨厌，只能伪装自己

生活中，我们可能会遇到看起来非常开朗、友善的人，这样的人从登场开始就吸引着众人的目光。第一次和他们见面时，他们往往非常热情、亲切，那种亲密感仿佛想和你做一辈子的朋友。他们貌似跟你很投缘，不断地向你散发着温柔和性感的魅力，你也很快就和他们亲近了起来。但你事后仔细想想，往往对他们一无所知。其实，这些人只是想向人们展示自己好看的外表，却很难真的与人亲近。在人际交往中，好看的外表也许能让人们更容易亲近起来，但真正亲密的关系可以包容你不好看的那一面。

想被爱与害怕失去爱

很多人都渴望被爱。虽然自由自在的生活很惬意，但人类终究是社会性的动物。成为对别人有价值、有意义的人，是培养自尊的第一要素。想意识到自己是"可爱的人"，最简单的方法就是获得别人的爱。

想被爱并不是问题所在，真正的问题在于过分强调"被爱"的重要性。想被爱是一种正常的情感诉求，但如果强迫自己或他人就容易走向执念的极端。也就是说，"渴望被爱"的心情变成了"如果得不到爱怎么办"的不安。《被讨厌的勇气》这本书很长时间都在韩国的畅销书之列，由此可见现代人的确被这样的恐惧所困扰。

如果对考试及格有着极度的渴望，那担心不及格的负担感就会大幅增加。同样的道理，如果在比赛时承受了太大的压力，就很难展现出真正的实力。那些希望孩子能被所有人喜爱的父母，会因为自己的执念，对孩子说一些颇具攻击性的话——"你这样下去的话，会被朋友们孤立的。""你知道你这样做，别人会说什么吗？"尤其是爱面子的父母，他们甚至会向孩子灌输这样的想法——"如果不能得到别人的爱，你的人生就完蛋了。"对于爱的执念、对于"被讨厌"的恐惧已经完全支配了他们。

想要幸福与不想变得不幸

确定好自己想要的东西，然后向着目标努力的人，脑海中会不断浮现自己想要的东西。比如，想学习好的人总是在脑海中描绘自己成为优等生的样子，并向着心中的目标行动。当成绩不理想时，他们也会采用同样的办法。虽然多少有点失望，也会对自己的能力产生一点怀疑，但他们还是会按照心中模范学生的样子做出决定。确认问题所在之后，他们便开始为下一次的考试努力起来。

相反，如果是确定好"不想要"的东西，为了不走到那个方向而努力的人，问题就有一点复杂了。想逃避"学习不好"的人，坚信"学习不好的学生是无法被认可的"。这样的人同那些将"学习好"当作目标（坚信"学习好就可以得到别人认可"）的人，会产生两种完全不同的结果。逃避"学习不好"的人，哪怕成绩只下降了一点，也会非常恐慌。他们担心自己会越来越像"学习不好的学生"，平时一直在脑海中描述的负面印象会像标签一样紧紧地贴在自己身上。此时，"成绩落后的人 = 不被认可的人 = 我"的等式就成立了。

那些将目标定为"学习好"的人，会时刻注意好学生的行为模式。他们很好奇那些擅长学习的人怎么做，如何克服困难。相反，如果将注意力集中在"差学生"身上，就会看到更多"差学生"身上的特征。他们会仔细研究"差学生"的境遇和遭遇，并随之感到恐惧。

当然，如果成绩一直不下降，或者总能达到预期，那么这两者之间可能就没有太大区别。但大部分人的人生都是跌宕起伏的，问题也往往出现在那些低谷时期。想要幸福的目标，和不想变得不幸的目标，当你遇到生活的绊脚石时，这两者之间的差异就会显露出来。

否定型的目标会带来恐惧

如果你不是期待"被爱"，而是不希望"得不到爱"，情况又会是怎样的呢？如果你担心得不到爱，那你的脑海中就会一直浮现得不到爱的场景：在学校不被老师关心，被同龄人排挤、欺负，进入大学或职场后成为被诋毁的对象，深陷孤单的囹圄之中……然后，你为了得到爱而不懈努力，时刻面带明媚的笑容，打扮得符合大家的审美，做大家喜欢的事情……你渐渐熟悉了这样的生活模式。

但是，考验总是不可避免的。无论多么可爱的人，也没有办法得到所有人的喜爱。他们可能被相亲的人拒绝，也可能和交往的人分手。

这个时候，那些树立了否定型目标的人就会产生很多不好的想法。他们一边反思自己不能得到别人喜爱的理由，一边把所有的注意力都集中在"否定的情况"上，集中在那些自己认为的问题点上。他们会想起惹怒别人的事情，想起自己不道德的欲望和贪婪，然后得出"他们对我很失望""他们会完全无视我"的结论。此时，"我很特别"的想法就会成为问题的导火索。他们不禁会想，正是因为自己的特别，才导致了无法被爱。恐惧日复一日地积累，随时都可能爆发。

恐惧不是预防针

这种现象当然是不理性的。当家人和朋友对你说"大家怎么会对你失望呢？看看你自己，多么漂亮、多么能干、多么善良"时，如果你能理性地回应这个问题，也许就能攻克这个难关。"是啊，看来我在公司承受的压力太大了。其实，我一点都不奇怪，对吧？"

但是，如果此刻的你正在被恐惧所笼罩，那么任何劝说都不会起作用。因为你被封闭在情感纠葛中，无论多么逻辑缜密的阐述，你都不会听进去。所谓的"对话"，应该是一个合乎逻辑的过程。而对于"我就是很不安，人们一定会对我失望"这种心态，任何逻辑性的应对和说服都是不管用的。毕竟，此时的你正因为不受欢迎的事件而陷入疯狂的恐惧之中。虽然只是直属上司的一两次责备，却给你带来了巨大的委屈和不安。你会反复强调别人对你的厌恶，任凭眼泪夺眶而出。委屈和愤怒往往结伴同行。

这种人会认为，自己之所以遭到指责并不是因为工作不努力，而是由于个性的缺陷。他们很诧异自己到底做错了什么才会招致如此的厌恶。如果是那些早就对自己不满的人，情况会更加糟糕。他们会给自己刻上"失败"的烙印，认为自己的失败是理所当然的，所有人都会看到自己落魄的样子。

缺乏自尊不仅会成为破坏人际关系的原因，也会成为人际关系崩塌的结果。看着在人际关系中陷入困境、沮丧不堪的自己，他们会在心中把自己打压得更惨。"我做不到洒脱""一点都不专业""一次训斥就能打击我这么久，看来我真的是太情绪化了"，在心底对自己说的每一句话，都充斥着不满。

可悲的是，这样的情感爆发可能源自从童年就开始积累的恐惧感。很多父母希望自己的孩子将来能成为一个"被喜欢"的人，所以从孩子很小的时候就给他打预防针——"你这样做的话，大家都会讨厌你，你会被孤立的"。他们以为孩子听到这样的呵斥，虽然有点害怕，但也会为了得到别人的喜爱而更加努力。

然而，恐惧并不是预防针。当"病菌"侵入时，原本作为抗体去斗争的自尊感已经消耗殆尽了，反倒让恐惧和不安成为最核心的情感，最终导致情绪的爆发。而此时此刻，我们脑海中纠正错误的机会已经消失了。

自信的人最可爱

所有人都希望成为永远被爱的那一个，这当然是不现实的。每个人都希望拥有完美的人生，但各种问题总是不期而至。想被爱，却总是惨遭拒绝；想被称赞，却总是以失望收场。我们的心中不可能只存在美好，任何人的内心都会有阴暗面存在。那些别人知道后会大吃一惊的欲望、贪婪、嫉妒和猜忌，还有自信的缺乏，对依赖的渴望，都藏在内心深处，只是不为外人道罢了。我们把这些统称为"id"（本我）。每个人的内心都有一个自我，控制它的就是超我。如果你拥有的是美丽、可爱的自我，那么在它的对立面就一定隐藏着本我。无论是付出爱的人还是接受爱的人，大家的心中都有本我。因此，不必为了本我的存在而感到羞愧。

即使你没有得到爱的滋养，错误也不会归结在你的身上。同样的道理，我们也不会把成绩不好的人当作"坏学生"来对待。

走出自卑，从今天开始

向自己道歉

今晚，让我们站在镜子前大声地道歉吧——"对不起，我不应该讨厌自己！""对不起！你已经很辛苦了，还要隐藏自己的感情，不能变得自信起来，真的对不起！"

一直以来，我们都不能满意自己，不能接受自己。不喜欢自己的外貌，不满意自己的性格，对处境充满悲观，为现实感到羞愧，甚至还隐藏了自己的梦想。

我们的确做了对不起自己的事，所以还是先道歉吧。现在，"努力恢复自尊的我"已经跟过去"自尊不足的我"不一样了，我们已经开始改变了。

我还想真心地劝大家一句，道歉的时候不要加那些没用的辩解的话和借口。例如，"我那么督促自己也是为了我好"，或者"我如果真这么优秀，一开始就没必要害怕了"……这些画蛇添足的话就不要再说了。如果真的有对不起自己的地方，就真心地道个歉吧。

Part 2　结束语

不是爱的错，也不是我的错

如果你有自尊方面的问题，那你的爱情之路十有八九也不会很顺畅。你总是会滋生不必要的怀疑，与对方争吵的时间比幸福的时间还长，常常为对方的冷漠而大动肝火，因为自己是更爱的那一方而感到孤独。也许你非常讨厌自己，总是深陷无尽的自责和愧疚感中。

即便如此，你也不必等到自尊感爆棚的那一天才开始寻找爱情。我们之所以一直抱有对爱情的幻想，就是因为我们知道爱的力量如此之大。爱情能吞噬自尊，也能治愈自尊。

如果这段关系发生了问题，两个人却无法分开，那也一定有它的理由。可能比起分手，争吵反倒更好。虽然问题重重，但因为彼此之间还有爱的维系，两个人还是很难分开。这个时候，你不必太自责，也不必强迫自己马上下决心离开。

　　让你感到痛苦的原因，除了自尊感不足，可能还有很多其他的问题。可能是筋疲力尽的劳累，也可能是没有钱的痛苦，我希望你不要仓促地把辛苦的理由都归结于"爱"。我也希望你不要单纯地断定自己是爱情绝缘体，不要质疑爱本身。不要因为自尊感不强，就对自己过分失望，我只是希望你能明白"原来我有自尊方面的问题，所以这段时间才这么辛苦啊"。我想说的话还有很多，从现在正式开始吧。

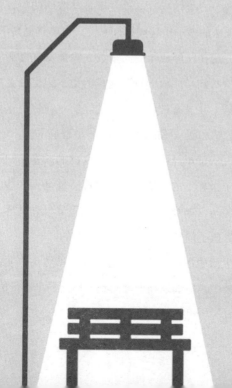

Part 3

自尊对人际关系的影响

1

我得到了多少认可

　　自尊最具代表性的含义是"自我尊重"。从字面上理解就是，你有多么尊重和接受自己。也许是因为人们对自尊重要性的认知度越来越高，最近的育儿书籍里，有很多"夸奖的重要性""详细地告诉孩子你有多爱他"之类的内容。得益于日益浓厚的教育氛围和父母意识的变化，现在的孩子比起成年人来说，自尊感提高了很多。

　　可惜的是，现在已经成年的大多数人没能从父母那里听到这样的话。他们很少听到"你很珍贵"这样的话，记忆中更多的是犯错后被训斥的场景，甚至有被赶出家门的经历。在那个年代，这种直接的、诱发羞耻感和服从感的教育方法是很普遍的。

　　如果一个人从童年开始就意识到了自己的珍贵，知道自己是带着祝福来到这个世界上的，那么他的自尊感就会强一些。不过，即使没有那样的经历，如今也不必过多地埋怨父母和世界。毕竟，那个年代的大多数孩子都是在这种环境中长大的。

　　我们会在生活中慢慢淡忘自己的价值。虽然你也明白每个人都应该被认可和爱护，但如果马上被问到"你是一个有价值的人吗？"

你可能很难自信地给出肯定的答案。虽然你也明白应该尊重自己，但在你的潜意识里，只有被他人肯定和喜欢才是存在的真正意义。其实，所谓"自己的价值"并不一定要源于别人的评价和认可。

用另一种方式表达渴望认可的心情

根据平日咨询的经验来看，夫妻生活中，满意度下降的老公们自尊感大多都比较弱。他们认为妻子无视自己，虽然也想被认可，但这样的需求每次都会遭受打击。其实，这种情况不难理解。每当有问题出现时，男人们总是急于提出解决方案。当妻子备受职场压力或婆媳矛盾的折磨时，丈夫总是想依靠快、准、狠的方式来解决问题，但实际上，妻子的反应往往很冷淡。这个时候，丈夫的自尊心就受到了伤害。丈夫想要的只有一个——"妻子认可我是个有用的人"，这就是所谓的"男人的自尊"。而妻子的自尊感则源于同理心。如果丈夫能将自己的情感和妻子一起分享，那夫妻间的满足感就会有很大的提高。

夫妻问题解决的过程是一个了解彼此价值的过程。对于成熟的夫妻来说，守护伴侣的自尊就是守护自己的自尊，所以他们会努力守护对方的自尊。他们很清楚夫妻二人是同乘一艘船的命运共同体，如果对方遭遇不测，自己也不能独自存活。

说起被认可的话题，我想到自己第一次参加学会演讲的经历。当时，我很紧张，站在台上双腿抖个不停。虽然我很感谢自己被邀请，但当时心理负担的确很大。毕竟，我不是大学教授，也没有丰富的经历，在这样的场合如果被别人无视、嘲讽，可怎么办呢？

脑海中一直有个念头在萦绕："我会不会是在浪费这些大佬的时间啊？"

演讲一开始，我就陷入了声音沙哑、手脚发抖的紧张状态，我充满担忧地将准备好的 PPT 念了出来。整个演讲的过程中，我都在担心听众有没有看穿我是个新手。这时，突然从听众席传来了"咔嚓"的快门声，是有人在拍摄我准备的 PPT 材料。紧接着，又连续传来了几声快门的声音。我转身向听众席望去，很多人在认真地听我讲解，有的还频频点头，那些上了年纪的老师也一脸欣慰地看着我。那一刻，紧张的情绪顿时烟消云散，我挺直了腰板，慢慢恢复了日常的声音。因为就在那个瞬间，我感受到自己准备的材料，不，是我自己得到了认可。

其实，在登上演讲台之前，我一直被一个问题困扰着。我很怀疑："别人真的需要我吗？"学会里都是比我学历高、经验丰富的人，这些人来听我演讲，着实令我有些压抑。如果不能让他们满意，我肯定会陷入深深的不安之中。

这种压抑让我的准备过程变得拖沓而漫长。原本应该在咨询工作结束后尽快准备，但即便是在那个时间段，我也很难集中注意力。材料的内容过于陈旧，我越来越担心自己的翻译是否准确，内心开始不断纠结。这种不安随着时间的推移愈发严重。经验不足、准备不充分、担心会搞砸的压力，不堪承受的我差点把这次机会让给别人。

虽然我很担心会令听众失望，但说到底这些都是借口。其实，人们会不会无视我，有没有人在打哈欠，大家是不是觉得很无聊，搞砸了演讲怎么办，这些不过都是我多余的担心罢了。

渴望得到认可

我好像曾经说过，那些从事专业岗位或者事业成功的人之中，有很多人都质疑自己的能力和成就。那些从小学习优异，现在收入颇丰，其他方面看起来也很优秀的人，却总是被追赶着生活。还有一些人会因为对未知的不安和焦虑而夜不能寐，严重的甚至需要依靠酒精的力量才能入睡。

他们中的大部分人都被强迫症所困扰。所谓的"强迫症"，是指一个想法持续在脑海中浮现，挥之不去。这些人的强迫症其实可能源于童年时的相似经历。例如，他们可能经常被这些想法所困扰："如果拿不到第一名，你就是个没用的人。""这次考试如果考砸了，会被爸爸妈妈骂。"……成功人士的背后虽然也有奉献型的父母，但同时也会存在这样把强迫症的种子埋在孩子心里的父母。当然，即使父母没有发挥这样的作用，也有很多孩子会自己陷入这种想法中。

"我到底能被认可吗？"这样的烦恼有时也会成为动力。这种方法其实挺容易上瘾的，以至于我到现在都会用到它。"我想写出读者需要的、有用的书""我想成为这样的医生"，我总是用这样的想法来鞭策自己。但是，仅仅用这个方法去做事，还是有很大限制的。如果超出了可以负荷的能量，这种动机就会转化为不安和压力。事实上，在撰写这本书的时候，我因为被"必须写一本好书"的念头所束缚，有段时间连一个字都没写出来。一定要写出好书的负担感重重地压在我的肩上，被读者责怪的我，最终卖不出去书的我，这些假想画面交织在脑海里，甚至让我到了无法动笔写作的地步。

努力成为被别人认可的人，这样的方式好像只适用于学生时代。"如果上不了大学，人生就结束了。"很多高中生都是抱着这样的想法拼命学习的。但是进入社会之后，大家却发现这是不可能的。在社会这个圈子里，因为别人的认可而获得的价值是很有限的。在社会生活中，没有固定的考试时间，也没有班主任。一年到头被"评价"折磨的人不在少数，而且，如果想被某个特定的人认可，就会被别人评价为"别有用心"。

请专注过程，而不是评价

社会生活没有明确的准则，没有向导告诉你什么时候、在哪里、要怎么做才能获得认可，不会有明确的成绩单，也没有人气投票环节，因此你很难肯定自己的价值，更难感受到价值的存在。

我们同时属于很多社会层面。如果执着于在职场上被认可，那么对家庭的疏忽就是不可避免的；如果你立志做个好家长，全身心地投入家庭，那你的职场生活就很有可能出现问题；为了努力得到伴侣的认可，就可能和父母的关系出现裂痕。毕竟，我们所拥有的能量是有限的，想获得所有领域的认可是不可能的。

那么，到底应该怎么做呢？答案就在过程中。全身心地投入到过程中就可以了。评价是未来的事，而过程则是现在的事。专注于过程的人，会把注意力聚焦在今天要做的事情上。如果想求职，你的脑海里就只有"今天可以为找工作做的事"。如果想上好的大学，评价只能等到高考当天，而过程则需要你关注今天有没有用功学习高考要考的内容。所谓的"评价"，并不能代表你在某个领域的能力，只是体现你在某一时间节点表现的优劣罢了。

专注于过程的人的注意力会集中在"这一瞬间的我"上，每天都全力以赴。即使结果不好，也不至于遍体鳞伤；即便考试落榜，也会从优秀的准备过程中获得满足。

"我有多喜欢自己？"自尊是关于这个问题的答案。因此，更需要我们关心的不是他人的评价，而是"自己的评价"。话题再回到演讲，最近去做演讲或发表演说的时候，我发现自己和以前完全不一样了。而我做出的改变，也仅仅是把注意力聚焦在了自己身上。写书也是一样，并不是为了赢得某个人的认可，是为了我自己可以在疲倦的时候翻看，也是为了写给我的女儿们。可见，现在的我比从前更加关注自己了。

走出自卑，从今天开始

写下你看这本书的理由
∨

读到这里，一定有人想偷偷合上这本书，他们可能还会想"就算读了这本书，又能有什么变化呢"。我认为这很正常，这时不如好好想一想应该如何更好地利用这本书。

毫无疑问，很多人买这本书的目的就是提高自尊。既然已经买了，还读到这里了，那不如就让我们来认真聊一聊要怎样实现改变。实际上，如果设定的目标和我们自身有直接的利益关系，那成功的概率就会变大。例如，当一名高中生被问到"你为什么学习"时，回答如果是"我想成为一个优秀的人"或是"因为妈妈喜欢"这种答案，那他很有可能拿不到好成绩。"我想上首尔大学，能拿到高额的家教打工费，也有利于将来找工作"，反倒是做出这样回答的学生，学习的动力会更大一些。

接下来，把你想通过读这本书所获得的变化也记下来吧，越具体、越现实越好。保持内心舒适的状态，认真想想自己的需求到底是什么。如果你想"爱自己"，那就把你想通过"爱自己"实现的变化记录下来。想培养自己经营爱情的能力？想学会如何接受分离？想不再埋怨他人？详细地写下来吧，无论什么事情，多少个都可以。

2

那些低自尊的职业

我对我的工作很满意，这是我从小就想做的事情，医生也是别人眼中羡慕的职业。当然，如果考虑韩国的医疗现状，还是有些令人郁闷的，仅仅因为职业是医生就被不友好地看待，这的确很伤害自尊心。那如果去做其他的工作，就会得到满足吗？好像也并没有别的答案。应该没有比医生伦理性更强、更稳定的工作了。因为很难找到更适合的工作，所以我只能放弃这个念头。

当然，我也是一个普通人，也会常常对自己的工作持怀疑态度。曾经遇到过关系融洽的医院突然破产倒闭的情况，也有过赚到了钱，却在其他方面产生欲望的时候。

能让我一直坚持下来的理由，是我深知职场和工作之间的明显差异。职场和工作是不能画等号的。即使你不喜欢这份工作，也可能会喜欢这个职场。工作和梦想也是不同的，就像我虽然是一名医生，但我从未忘记自己想成为作家的梦想。

也就是说，当你对自己的工作内容产生怀疑的时候，请将职场、工作和梦想分开来看吧。如果混为一谈，就可能陷入对整体不满意的纠结中。

"三弃"时代的自尊

总有一些长者怀念过去那个穷得叮当响的时代。他们为什么会喜欢那个饿肚子、没有暖气的时代呢？我一开始很不理解，但当我步入中年后，就有了同样的感觉。特别是当我看到被职业发展和未来道路困扰的年轻人时，更深有感触。科技的发展的确让生活变得更加方便，但就生活质量而言，我们比过去更加疲惫和混乱。

过去，人们的目标很单纯，生活富足、舒适就是极大的幸福。如果能吃饱喝足、儿孙满堂、收入稳定，就是非常满足的状态了。如果社会地位有所上升，有一份长期稳定的工作，那就再无奢求了。而获得这些，要比现在简单得多。

如今，年轻人必须认真考虑自己的人生方向。就算是从所谓的"名牌大学毕业，有优异的成绩"，也不能保证幸福。年轻人从进入大学起，就要开始担心学费贷款和职场选择了。老人们口中那个"只需要努力就可以"的幸福时代已不复存在了。

这种状态，自然会让你产生对未来方向的怀疑。你总是禁不住问自己："这真的是我要走的路吗？""我在这里做这个有什么意义呢？"

过去，人到中年才会遇到的问题，现在的年轻人就已经要开始面对了。"每个人都是这样生活的。""现在已经过得很不错了。""不是还有家人陪在你身边吗？"这些话也起不到太大的安慰作用。

我们生活在一个混乱的时代。攒几十年的薪水可能也买不起房子，用心准备可能也无法找到自己想要的工作，即使严格按照规章制度工作也会被副社长强制返航（大韩航空"花生返航"事件）。我们就生活在这样的时代。我是谁？我在哪儿？这件事一定要做吗？这些疑问会始终伴随着我们，挥之不去。

如今，从即将毕业的大学生到中年群体，所有人都被前途问题所困扰。没有人能自信地说"这份工作很好，试一试吧"。医生的确是社会上颇受认可、较为稳定的职业，但那些梦想从医的人也同样有很多烦恼。偶尔会有学生咨询我："精神科医生的工作适合您吗？""能赚多少钱呢？""您没有因为自己的选择后悔过吗？"虽然这些直白的问题让我感到一些压力，但我也很理解他们不得不问的现实。正是因为一直坚信"医生是稳定的职业"，大家才勉强撑过了艰难的医科大学的生活，但当他们得知医生是申请破产人数排名第一的职业时，自然免不了困惑。法律体系的情况也差不多。历经多年的准备终于通过了司法考试，却没有办法顺利就业的律师不在少数。

过去，人们到了19岁，工作差不多就定下来了。医科大学的学生成为白衣天使，法学院的学生进入法律界，工商大学的学生顺利进入大企业，开始了稳定的职场生涯。那个时候，理想会成为职业，而拥有了心仪职业的人就会过上一帆风顺的生活。

但如今，专业和非专业之间的界限已被打破，两者很难区分开来。皮肤科医生和外科医生做着同样的工作，药剂师的工作也可以由中医（韩国称"韩医"）来做。同在一家公司的正式员工和合同工，工作职责并没有明显的差别。我的工作可以由别人代替，即使我不在，工作也可以正常推进，这就是现实。面对这样的现状，人们很疑惑，到底应不应该感到满足呢？我到底应该跟谁比较？走到哪一步就应该满足了呢？

损害自尊的职业

只有当我们对工作和职场满意时，才会有安全感。如果能按照自己的喜好选择工作，还能保持收入的稳定，那当然最好不过了。但如今，许多环境因素都会造成自尊的削弱。你不得不对自己的选择产生怀疑，陷入对自身能力的自责和愧疚中。尽管不是自己的错，是社会环境造成的问题，但还是有很多人陷入深深的自责中不能自拔。而这其中，的确会有一些职业更容易导致自尊的削弱。

合同制/非正式工：一个词中有"合同"两个字的，几乎不会有什么好的意义。合同婚姻、合同情侣、合同工，都给人留下一种隐隐的凄凉感。所谓的"合同工"，虽然也是职员，但因为不知何时会被解除的合同关系，总是处于不安和压力之下，这种处境是超乎想象的。外部环境虽然也会有影响，但合同工发自内心的情感是致命的。例如，上级分配一项工作，合同工往往会感到疑惑："这到底原本就应该是我的工作，还是因为合同工的身份被甩锅了呢？"在这种环境中，不管多么坚强的人都会被迫感到焦虑。

职场妈妈：每个职场妈妈都有"受伤"的回忆。把孩子留在家里去上班的第一天，很多妈妈都流下了眼泪。虽然坚持参与社会活动的妈妈看起来坚强、帅气，但很少有妈妈能完全忘掉孩子，安心地工作。一旦全身心地投入工作，对孩子的愧疚感就会油然而生。

虽然可以假装若无其事的样子，但脑海中还是会冒出这样的念头："我能算是个好妈妈吗？"大部分职场妈妈下班后还要忙家务，身心疲惫的她们很难在职场和生活中感受到自己的价值。

家庭主妇：家庭主妇的"低自尊"现状也差不多。虽然社会上总是在强调承担育儿和家务重任的家庭主妇与职场男性的作用是相当的，但现实中，人们对家庭主妇却充满了偏见。如果曾经是职场女性，后来成为家庭主妇，情况会更糟。她们会不断地质疑："当初，我难道就是为了这样的生活，才努力读大学，努力生活的吗？"如果同在职场中工作能力被认可相比，忙碌于家务的生活并不会让她们留恋。辛苦的工作会得到相应的薪水作为报酬，而对于主妇们而言，她们并没有得到经济上的补偿。

情绪类从业者：这些人经常穿着干净、整洁的衣服，面带微笑。乘务员、银行业务员、服务员、销售员、客服等职业，看似阳光的外表背后，隐藏着巨大的痛苦。即便脸部抽筋也要保持微笑的他们，下班后脸上却很少露出笑容。

看到同事辞职的上班族：如果说求职的学生最渴望的是一份工作，那么上班族最想要的则是辞职。不用再看别人的眼色，不用再听上司的唠叨……不知不觉中，这些都成了上班族梦寐以求的东西。因此，当周围有同事辞职时，其他人的眼神中会充满羡慕和惭愧。

考生、大学生和求职者：能帮助这些人度过艰难阶段的就是希望。他们怀抱着对当下生活美好结局的期待，日复一日地挺了过来。那些总拿不到想要的成绩或者在考试中失利的人，会陷入极度的挫败感之中。打起精神重新挑战的事情也只能尝试一两次，成功的经验如果一直迟到，希望就会被绝望所替代。

专业工作从业者：吸引了很多羡慕目光的他们，其实也承受了很大的压力。医生、律师、会计师等工作大多都业务繁重，甚至连退休机制都没有。因为没有从事过其他工作，他们中的很多人都难以区分什么是好的，什么是必需的。很多专业工作从业者认为，在可以工作的时候多赚一些钱就是幸福。

区分职场满意度、工作满意度和自我满意度

很多职业的从业者，会因为工作环境的优劣影响到自尊感的强弱。从事上述几种职业的人，情况会更严重一些。

然而，我们绝对不能忘记的是，职场原本就不是一个浪漫的地方。职场是需要你付出努力的地方，也因此才会被支付工作的报酬，并且还是按计算好的日子准时支付。因为如果不这么做的话，就不会有人留下来干活。如果职场是一个既甜蜜又充满意义的地方，就不会支付所谓的"工资"了。这笔钱是用来补偿你的付出，让你留下来继续干活的。当然，职场生活也会有幸福的因素，比如你疲倦时留在你身边帮助你的同事。但是，这种幸福是一时的，不能视为最终的幸福。

说得再严重一点，所谓的"职场"不过是一个利用我们、折腾我们、激怒我们的地方。因此，职场应该对我们感到抱歉，一不小心可能每个月都需要支付赔偿金。所谓的"工资"其实就是一笔慰问金罢了，作为占用你时间的补偿。

前来咨询的人，有很多都是对职场抱有幻想的人。为了从激烈的就业竞争中存活下来，他们甚至开始自我催眠。这些人对职场

抱有不现实的幻想："职场是实现梦想的地方。""我可以成为一名干练的职业女性。""就像电视剧里演的那样，这里可以实现自我价值。"

我敢断言，这种事情是不会发生的。不久前，颇具人气的电视剧《未生》比较真实地反映了职场生活，但其中还是有很多不现实的内容。一个伸张正义、充满人情味的科长在现实生活中是很难坐上老板位置的。梦想、成长、自我实现、家庭般的氛围……这大都是人们幻想出来的，职场不过是让你拼命地干活，并想尽一切手段压榨你工钱的地方。所以，千万不要在职场中测试你的自尊。

我希望所有上班族都可以更加清楚地区分职场、工作和梦想的关系。有些人像我一样做着自己喜欢的工作，却依然有很多不满，也有些人虽然工作不是很好，但所在的职场环境却很令人满意。不要把职场和人生混为一谈，毕竟我们并不是为了上班才活着。工作并不是人生的全部，不能因为职场的不顺心就否定了整个人生的价值。同样，也不要因为在公司里混得好一点，就去践踏别人的自尊。

其实，我们努力工作的意义是为了下班以后更好地生活，业余生活也是人生，周末对我们而言也很重要。不要把职场的压力带回家中，更没有必要把工作带回家做。毕竟，职场中遭遇的问题，不是你长时间烦恼就能解决的。

职场就是职场，我们不要赋予它过多的含义。偶尔也请远离职场，让大脑休息一下吧。

走出自卑，从今天开始

下班后不要想工作

职场是吸收我们能量的地方。工资是根据我们投入职场的时间换算而来的。随着工作时间的增长，工作强度的加大，我们得到的工资越来越多，失去的能量也会越来越多。解决这种问题的方法只有一个，那就是下班走出公司大门之后，把大脑中与工作相关的思考阀门关掉。

下班之后到第二天上班之前，要把脑海中跟工作相关的东西都清空。如果不可避免地还要在下班后接到工作电话或者和上司见面，那就当作割舍了一点自由时间吧。当你挂掉电话或者和上司道别之后，别忘了把与工作相关的思考阀门关掉。

这当然不容易做到，可能也会有人吐槽，"你完全不懂我们职场人的生活才会这样说"，其实我想强调的是，一切都需要练习。毕竟，下班之后不接工作电话、不处理公务才是正常的状态，因为你曾经接受了，才误以为是理所当然。如果你因此而烦恼要不要辞职，那这种烦恼也应该在工作时间进行，因为你的工资价值中也包括这些烦恼。

3

我是一个多么有用的人

很多研究结果表明，在中了彩票大奖和赌博赢了一大笔钱的人之中，有很多人都患上了抑郁症。突然得到一笔巨款虽然是一件令人开心的事情，但这份开心并不会帮助你提高自尊。相反，在那些得到飞来横财的人之中，有很多都是自尊感较弱的人。为什么会这样呢？这是因为在人们评判自我价值的标准中，包含"我是不是一个对社会有用的人"。

想获得高自尊，就要相信自己是对社会有用的人。这里的"社会"包括家庭这个小社会、国家这个大社会，甚至是整个世界。成长过程中渴望父母的称赞，参加竞选时的自豪感，这些也都源于此。

没有我的世界也能正常运转

我的大学过的是集体生活。一早坐在教室里听课，课后还有小组练习和实验环节。学校生活一直被同学、前后辈和老师们围绕着，没有独自一人的时间。因此，每次放假的时候，我都经常独自去旅行。我毫无计划地搭上车站的末班车，去一个尽可能遥远的地方。一觉醒来，已经在蔚山、浦项或晋州之类的地方迎接清晨的到来。

像这样从一个城市漫无目的地到另一个城市的旅行，并不是为了寻找美食或什么特别的地方，只是想一个人待着。除了与当地的朋友见一面、去亲戚家拿点零花钱之外，大部分时间都是独自度过的。

在陌生的城市里闲逛是自由的。和遇到的每个人都是第一次见面，没有讨厌，也无须关心。一天的筋疲力尽之后，内心会迎来悠闲的愉悦。这样独自一人过几天之后，就会想起自己喜欢的人。那些想见的人、想一起聊天的人、想看到的面孔都会一个个浮现在脑海里。再过一段时间，甚至会想起那些曾经折磨我的人，那些嫉妒、诽谤、利用我的人。虽然我并不想念他们，但随着孤单感的加深，对那些人的反感也会减少一点。真是一次神奇的体验。

当想远离人群的心情和独自一人的孤僻感达到某种平衡时，我已经不知不觉中踏上了回首尔的路。有时候，我也会一到目的地就萌生了想回去的念头。

独自旅行最终结束的原因，并不是因为孤单或者对人们的想念，而是因为焦虑："即使我消失了，世界也不会寻找我。消失我一个人，世界也不会发生什么翻天覆地的变化。"随着旅行之路越来越长，虽然感受到了自由，但同样也充满着不安。这个仿佛对我不理不睬、没有我依旧正常运转的世界，偶尔也会让我感到有点委屈。

大学毕业后，顺利完成实习的我成为一名专科大夫。带着"专家学者""主治医生"的称呼一路走来，内心也变得平静了很多。我想这份安心不是源于其他，而是因为寻找我、需要我的人渐渐变多了。

因为不断有患者来访，还有排长队来听我发表学术演说和演讲的人，如果再像以前一样偷偷独自去旅行，大概一天之内就会因失踪而被报警了吧。老实说，这的确是一件令人欣慰的事情。

成功是获得社会价值的行为

看一个人在社会上被需要的程度，大概就可以估计这个人是否成功。当然，买彩票中大奖的人在某种程度上也是成功的。但是，这种成功局限在了金钱上，同他的性格和价值一点关系都没有。一个公司的老板之所以重要，就是因为他被需要的程度高。员工中如果有人生病，其他员工可以代替他，但如果是职位较高或是重要位置的人，能代替的人就会变少。而那些不可或缺、无可替代的人，我们就会称其为"成功的人"。

如果自尊出现了问题，我们就会产生这样的疑问："我是这个社会需要的人吗？"如果在入职考试中连续失利，就会产生"没有地方需要我"的错觉，自尊当然会被动摇。如果在工作中被非议、责难或是听到父母责怪自己没有出息，这样的人又怎么会拥有健康的自尊感呢？

我们的社会关系、角色和自己的情感都是息息相关的，每个人都想获得别人的关心，想被认可为有用的人。只有以这个为前提，社交生活才成为可能。

"社会需要我"的感觉会满足人的社会本能，因为此时的我是安心的，我知道即便出了什么问题，社会也会包容我、收留我。相反，如果一直被社会拒绝和漠视，不安就会被无限放大。如果面对他人的负面评价，可以大方地说出"这不过是他们的评价罢了"，那当然是很好的状态。但是，大多数普通人都会把来自他人的负面评价投射到自己身上，然后对自己做出很低的评价。

让我们再来看看社会的最小单位——家庭。当你感觉到自己不被家庭需要时，自尊感就会被动摇。"父母是不是因为我才继续过他们不想要的结婚生活？""我这样的孩子不要也罢。"当产生这样的想法时，培养自尊就会变得很困难。"不被需要""毁掉他人的人生"，这个世界上不会有人能接纳这样的自己。

有意图的心理

婚姻也是如此。如果产生了不被家庭或伴侣需要的感觉，自尊就很难不被动摇。经过漫长的工作和生活，如果想在公司生存下来，就一定要熟练地掌握处理人际关系冲突的要领。但以我的经验来看，越是这样的人，对于伴侣或家人的自尊感就越弱。经过长时间的观察，我明白了一件事：那些"在公司表现优异的人"很难得到伴侣的认可。在这种情况下，如果公司里有一个认可你、为你加油的异性出现，你会感觉如何呢？"这么不利的条件下，科长您是怎么做到的呢？太了不起了。""平常就一直很尊敬您，以后还请多多指教。"如果得到这样的支持，不管是谁都会心情愉悦吧。因为获得了社会的认可，自尊感得以提高的同时，还会感受到巨大的共鸣。

拥有女秘书或男秘书的人可以放在一起讨论，不被伴侣认可的人会得到这些人的欣赏。当伴侣挖苦你是个"工作中毒者"时，来自这些人的安慰则会帮你重新修复自尊。

其实，大部分有外遇的人的自尊感都比较弱。不过，这并不意味着他们无法控制自己的花心和性欲才做出越轨的事情，而是他们想被某人认可的本能，让他在不知不觉中成了越轨的主人公。从家人处得不到认可的价值，在外面的世界被重新发现。

当然，这并不意味着我赞成越轨。无论是什么原因，哪怕是为了找回自我的价值而挣扎，外遇都不应该被合理化。正如想挣钱就跑到赌场一样，赌场里的那些钱其实并不属于你。同理，通过外遇才能获得的自尊本身就透着股凄凉。

我的身份标签不止一个

那些能意识到自己社会价值的人，他们的身份标签往往不止一个。我们都是父母的孩子，但我们不能只为父母活着；虽然是公司的职员，我们也并不是为职场而生的。我们是子女、父母、职员、社会人、俱乐部成员、朋友、公寓居民，也是一个国家的公民。

在众多的身份中，有的自尊感弱，有的自尊感强。你也许是孩子们不善言辞的父亲，但对妻子而言，你可能是最好的老公；你也许是公司中很平凡的代理，但在俱乐部中，你可能就是最棒的队长。毕竟，我们不可能在每一个角色上做到让每一个人都满意。

所以，不要因为对某一个身份不满，就把自己判断为没有价值的人。即使身在职场的你没有得到认可，也不要否定全部的自己；就算作为儿媳妇的你没有得到认可，也不要连带把职场中的自己也一起贬低了。我们可能在任何一个身份上被忽视，但作为恋人、朋友、父母、志愿者、宗教人士、市民的身份标签依然存在。即使在某个地方没有存在感，我们也没必要把这种感觉扩散到人生其他的领域。

走出自卑，从今天开始

想想自己有哪些身份标签

我们中的大部分人都是一出生就是家庭的一员，随着年龄的增长，活动的领域也会扩大，我们会成为学校的一员、公司的一员。现在，让我们思考一下自己所属的范围，仔细想想怎样做才能在这个范围内成为有价值的人。

例：

- 家人——对话、问候
- 公寓居民——除雪
- 职员——不迟到，提高绩效
- 市民——参加选举，参加会议和支持政客
- 校友会——组织聚会，参加活动，巩固友谊
- 预备队队员——参加训练

4

有选择困难症的人

只有做出正确的决定，自尊感才会提高。而那些自尊感弱的人，因为不相信自己，所以连很小的事情都很难做出决定。也许正因如此，每当生活中遇到难题时，我们都会寻求帮助。在值得信赖的人中选择一个最了解自己的，把烦恼告诉他。至于问题能不能解决，那都是之后讨论的事情。只要能说出来，情绪就会有所缓解，烦恼的事情好像也得到了解决。

不过，有一个人可以随时随地向我们伸出援手，那就是我们自己。如果可以信任自己，生活将会变得非常轻松。每当问题出现时，不用再辛苦地去寻求别人的帮助，也不用担心会被别人抓到把柄。我们努力寻找解决问题的方法，还可以不断地对自己说"没关系，做得好"，这难道不比任何一个咨询师都有用吗？

好决定的三大判定条件

成年的过程是由一系列大大小小的选择和决定组成的。结束父母替我们做主的时期后，我们会经历升学、选专业、就业、恋爱、结婚、独立等，我们会开始做很多决定，并在这个过程中成长。

每当这种时候，孩子们都会寻求谁的帮助呢？他们想知道在类似的情况下，其他人会做出什么样的决定，然后绞尽脑汁，努力做出不后悔的决定。大部分人为了解决问题而寻求帮助的理由很简单——按照有经验者的选择去做，至少能达到中间水平，这样还是比较安心的。但是，有些问题可以找别人解决，而有的问题却只能靠自己。如果是比较明智的咨询者，我会告诉他最终还是要"靠自己解决"。

在生活中面临的无数选择面前，如果可以自己做出决定，就可以称得上是明智的表现了。那么，什么样的决定才能算得上好的决定呢？

一共有三个要点。第一个要点是，要在合适的时机。无论是多么正确的决定，如果消耗了太多时间，意义就会大打折扣，这是选择困难症患者最容易忽视的问题。日复一日地推迟，可能只是为了做出更加正确、不后悔的选择。而那些擅长做决定的人，他们很清楚应该在什么时间节点之前做出决定。

第二个要点是，做出决定的范围。无论是多么明智的决定，都应该限定在自己的范围之内。我们不能代替他人做决定，也不能决定他们的未来。例如，有些年轻的学生会发邮件向我咨询："哪所学校的医科专业好呢？我舅舅说延世大学的医大要比首尔大学的好，真是这样吗？"我整夜都在思考这个问题，这个学生到底应该去延世大学还是首尔大学的医科专业呢？事实上，现在并不是这个学生需要做这种选择的时候。他现在能决定的只有今天是不是要学习，要学到什么程度。因此，要做决定的事情应该控制在当下、自己的范围内。

第三个要点是，要明白世界上没有所谓"正确的选择"。当你做出一个决定时，以后会不会后悔，结果能不能令你满意，没有人能在做决定的那一瞬间就确定这些事情。即便是当时最好的选择，未来也有可能得到一个令人后悔的结果，反而那些随随便便做出的决定，可能会出现转机。结果如何，也许只有神灵知晓。我们无法窥探神的旨意，因此才会出现"塞翁失马"这样的词语吧。

擅长做决定的人很明确这一点：如果经过漫长的思考都没得出答案，那就可能是一个因人而异的问题了。相比之下，决定什么（what）不重要，决定之后怎么（how）做才重要。因此，那些擅长做决定的人，不会把精力过多地浪费在决定之前。

擅长做决定的人最大的能力，就是"对自己的决定感到满意"。他们不会因为别人的无心之言，以及纷杂的指责、嫉妒和讥讽而轻易动摇自己的决定。他们很有主见，有稳固的自我标准。客观地来看，他们不会做什么奇怪的决定，不会把投资所得的资金一股脑儿地挥霍干净，还装腔作势地吆喝"我的投资是对的"。在别人看来，他们的决定都是符合常识、挑不出毛病的。这如同答案一开始就确定好了一样，他们总是对自己做出的决定很满意。

基于脑科学的视角看正确的决定

做出正确决定的过程是将情感与理性相互融合的过程。通常，我们在做决定时，会调动自己所有的常识和判断力。但仅有这些是远远不够的，还要经历一个审视自己，并得到自己情感上认同的过程。这个时候，擅长做决定的人不会无条件地、固执地认为决定是对的，也不会陷入对决定正确与否的不安之中。

从科学的角度来看，这是支配理性领域的额叶和管理情绪的大脑边缘系统（中脑）在正常运转。两者中任何一个出现状况都会导致问题的发生。一个只活跃了额叶而做的决定，很有可能只满足了实际利益的需求，情感的要素被排除在外。但无论是多么理性的决定，如果无法满足情感的需求，就很难被视为明智的决定。因此，如果想做出正确的决定，就要让边缘系统也一起活跃起来，这样也不会影响别人。另外，不管在自己立场上是多么正确的决定，如果伤害到了别人的感情，那就是不正确的决定。无视社会公序良俗，独断专行的决定很难得到别人的支持。

过分强调盲目积极的态度，也可能做出有危险的决定。比如，那些对某件事物上瘾的人，他们能很快做出决定，也不太容易后悔。炒股上瘾的人总是抱着"这笔钱要投到股市里，一定会赚的！"的想法。购物上瘾的人也一样，他们总是想着"这个一定要买"，然后麻痹自己去享受虚假的满足。在这种情况下，无论你做的这个决定令你多么满意和愉悦，都算不上是一个好的决定。只有当理性与感性相互融合时做出的决定，才能算得上正确的决定。

被剥夺决定机会的人

我们所身处的社会更倾向于强调理性判断的力量。在我看来，这种偏见来自过度激烈的社会竞争和教育热现象。

进入校园之前，孩子们就忙于寻找各种正确答案。在充分思考和确立自己的观点之前，他们一直全神贯注地寻找"可以填入括号"的答案。即使在学校教育中，孩子们的思考和情感也被放在了次要位置，解答数学、科学问题才是最重要的任务。孩子们在不知不觉中逐渐养成了选择理性答案的习惯。换句话说，他们相信只有无视情感、对他人的状态漠不关心，才能在竞争中获胜。

不经过充分思考，只是机械地记忆那些成年人指定的"正确答案"，会导致孩子们渐渐丧失决定的机会和能力，这种教育带来的危害并不罕见。那些从小被视为"天才"，并在应试教育里取得优异成绩的人，有一部分被称为"反应试人格"。例如，看起来很正常的高级公务员，他们身体里却隐藏着性犯罪者的罪恶灵魂。问题的根源，可能就是他们从小生活在只重视理性教育的环境之中。

边缘系统是人类绝不能忽视的"翅膀"之一。虽然发达的额叶带动学习能力提高很重要，但产生共情的能力也是我们所必需的，我们只有这样才能掌握控制自己行动的能力。另外，边缘系统比额叶的发展定型要早，负责智力机能的额叶皮层活跃时间为20~30岁，而边缘系统的稳定期要比额叶早很多。

因此，从小就应该养成自己做决定的习惯。父母应该避免"因为担心孩子将来埋怨自己，而代替他们做决定"的教育误判。应该从小训练孩子协调使用边缘系统和额叶，培养他们自己做决定的能力。当然，并不是说小时候不做决定，一辈子都会失去决策的能力。即使是晚了一点，毕竟还有训练和培养决策力的方法，家长们不用太过沮丧。

培养决策力的方法

正如前文所述，优秀的决策力意味着理性和感性协调发展。换句话说，额叶和边缘系统需要在各自活跃的同时，还能保持两者间的顺畅交流。下面介绍几个有助于培养决策力的办法。

艺术活动：额叶和边缘系统协调运转主要出现在艺术活动中。艺术活动中大多包含了很多情感的表达，但并不是任何悲伤、负面情绪的表达都能被称作"艺术"，需要通过额叶找到表达情感的最佳方式。例如，画家需要"计算"画什么，用什么样的颜料。作家需要"判断"写什么，怎么去写。通过这个思考的过程，决策力自然会有所提高。这也是父母让孩子从小接受艺术方面的熏陶的原因。

制作"决策秤"：在决定一件事应不应该做时，可以制作一个"决策秤"。所谓"决策秤"就是分别列出做一件事情的优缺点和不做这件事情的优缺点，将两者进行对比。人类在做任何决定之前都有感情用事的倾向，此时客观分析就显得尤为重要，可以帮助你看到事物最关键的部分。通过"决策秤"，可以让抽象的事物以客观的形式展现出来。

如下页表所示，当你用文字将"做与不做"的优缺点通过"决策秤"阐述时，就能更清楚、明晰地做出判断。

	喝酒	戒酒
优点	释放压力 心情舒畅	肝功能好转 妻子的唠叨减少
缺点	第二天疲倦 肥胖，健康状态变差	生活的乐趣消失 影响人际关系等社交活动

区分想做的事和要做的事：如今，抱怨"不知道应该做些什么"的年轻人日益增多。另外，市面上流行一些鼓吹"大胆做梦"的自我开发类图书，让一些深受影响的年轻人为自己编织了过多的"梦想"。梦想多本身并不是件坏事，问题在于很多人只是忙于做梦，而不去做自己应该做的事情。脑海中充斥着"不知道该做什么"的烦恼，迷茫之中什么事都做不成。在这种情况下，具体区分想做的事和一定要做的事会有一定的帮助。

想做的事：学习日语，恋爱，成为被认可的员工。

要做的事：准备明天早上的演说。

这样写出来，现在应该做的事情就很明显了。

两件事都做：没有必要非得在"想做的事"和"要做的事"之间二选一，只要能找到两件事情的交集就可以。即使决定准备演说的内容，也并不意味着一定要放弃其他的事情，比如可以通过精彩的演说来创造职场上被认可的机会。在职业发展问题上出现分歧时，如果你在成为作家和做上班族之间犹豫不决，那么选择"工作日正常上班，周末写文章"也不失为一个好方法。也可以在个人博客上，通过文字的形式记录自己的职场生活。

走出自卑，从今天开始

记录矛盾点

如果想提高自尊，就要从做好小的决定开始。小决策的经验可以积累成大决策的能力，而重要决策经验的积累也可以实现自尊感的提高。

我们可以尝试记录一些小的纠结点，例子如下：

A. 现在就睡觉吗？	B. 吃碗拉面再睡？
A. 现在就睡觉吗？	B. 给分手的前女友打通电话？

通过将这些小纠结记录下来，可以清楚地看到自己在烦恼什么，然后从中做一个选择。如果还是无法马上得出答案，就分别在 A 或 B 的旁边写下它们的优点。

例：

A. 直接睡觉	——明天醒来时可以保持舒适的状态
B. 吃完拉面再睡	——即时满足，心情愉悦

A. 直接睡觉	——明天醒来后可能会不后悔
B. 给分手的前女友打通电话	——运气好的话可以听听她的声音

这样做的话，应该能很容易做出判断。如果是我，我就会选择直接睡觉。希望读者朋友们也能做出和我一样的选择。

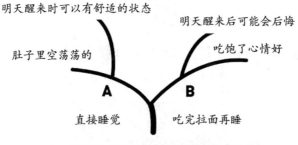

画出分叉能帮助你更明确地做出选择

5

读了很多心理学书，为什么自尊还是不见提高

两年前，听到奶奶去世的消息时，我的脑海中闪过一个念头——"我的童年到此结束了"。那个总叫我"宝贝孙子"的人，从世界上彻底消失了。对我而言，爷爷奶奶是非常特别的人。成长岁月里，那些令我灰心丧气、自怨自艾的瞬间，正是因为有他们的陪伴，我才挺了过来。尽管偶尔也会产生"自己一无所有"的错觉，但当脑海中浮现出他们的面容时，我就不得不承认自己的确是个幸运儿。

也许是因为心中的那份感激和抱歉，每当我看到幼年生活不幸、被大人虐待或是失去儿时记忆的人时，我都会对他们格外关心。

儿时的记忆变成伤口

美剧《绝望的主妇》中有一位叫布瑞的女性，她和医生结婚之后，过上了别人眼中平静、无忧的乡村生活。漂亮的房子被整理得井井有条，每晚的餐桌上都会备好丰盛的晚餐，家中的装饰、摆设

比酒店里的都要整洁。

然而，布瑞一家的生活其实并不幸福。丈夫和孩子都被"缺爱"的情绪所折磨，但从布瑞的身上好像看不出什么明显的问题：因为担心丈夫的"三高"，布瑞每顿饭都会准备素食；对待子女，布瑞则严格要求他们遵循公序良俗，保持健康的价值观。

但是，对丈夫而言，妻子布瑞就像个机器人，即便陪伴在身边，也会令他感到深深的孤单和疲惫。上中学的女儿为了得到从家庭中得不到的温暖和安慰，竟和老师发生了性关系。这个外表看起来完美的家庭，内部早已充斥着紧张和压力。

看这部美剧已经是很久以前的事了，其他的情节基本已经忘记了，唯有"布瑞家族"还深深地印在我的脑海里，也许是因为我见过很多和布瑞的孩子有着相似成长经历的人。强势的妈妈，懦弱的爸爸，父母经常性的争吵，父母长时间的冷战……这些伤害一点点累积，最终走到难以挽回的境地。

如果不幸的童年阴影在身心留下深深的烙印，就会酿成自我否认的恶果。我们总是习惯去寻找事物的起因和结果。"单亲家庭的孩子""从小目睹父亲暴力的儿子""一睁眼就面对吵架的父母的孩子"……一旦给自己打上这些标签，就很难做到对自己尊重。

在心理学中寻求安慰

那些成长中遭遇不幸的人，往往背负着担忧和焦虑生活。他们会无意识地将过往的经验与当下的生活联系在一起。如果这些不幸来自原生家庭或者一直延续到了现在，情况会更严重。

他们的担忧会映射出父母的样子：在父母的争吵中长大的孩子会担心自己难以维系婚姻，惴惴不安；在父母的暴力下长大的孩子会担忧自己在不知不觉中成为施暴者或被害者；父母如果沉迷于赌博或酒精，孩子就会担心自己或伴侣也会身陷赌博和酒精的囹圄。他们甚至会不断地怀疑自己，以这样的情感状态是否能找到真爱，走进婚姻的殿堂。

一些想积极解决问题的人会翻阅各种心理类图书，他们想知道那些遍体鳞伤的人是用什么办法生存下来的。心理类图书中包含了各种各样的信息和答案，给许多需要疗愈的人提供了帮助。那些原本不知缘由的情感，终于通过知识的力量找到了头绪。而那些通过心理学获得帮助的人，大部分都会经历下面这些心路历程。

普遍化："原来不是只有我这样"的想法的力量是很强大的。原本以为只有"我"在特殊的环境中长大，只有"我"是不幸的，没想到书中比"我"的情况糟糕的人还有很多，因此会获得一份内心的慰藉和轻松。

摆脱负罪感：心理类图书中会出现各种各样"不得已的理由"。"我"的心理问题并不是因为"我"不够努力和没出息才造成的。这些观点很有说服力，人们会马上明白"啊，原来不是'我'的错误导致了问题"，从而放下长久以来折磨自己的负罪感。他们会开始相信，这一切不幸不是源于"我"的不坚定和矫揉造作。如果经历了同样的事情，一定也会对这份痛苦感同身受。

知识化：如果能将感性的东西用理性来解释，心里就会舒服很多。当我明白那些莫名支配我的"折磨"来自长期的心理阴影，而带给我痛苦的父母启动了"投射"的防御机制时，原本纠结的心情在不知不觉中得到了修复和整理。跟朋友倾诉几天几夜都说不完的悲惨身世，竟然用几行字就整理清楚了，我的心情也随之愉悦了起来。

恢复自尊和健身训练的相似之处

如果通过阅读一些心理类的图书就能解决所有的问题，那该多好。但是，各种心理类图书的使用方法不尽相同，如果只是随手拿起一本心理类图书，按照书中的指示去做，或是去听一些有名的演讲，别说恢复自尊了，有可能反而掉入更大的挫折深渊之中，更严重的还会令人自暴自弃。

"为了寻找和解决问题去读书"，就这一点而言还是值得鼓励的。当你切实地采取行动深入研究自己的心理，努力寻找解决问题的办法时，你就已经走上了恢复自尊的道路。不过，心态的恢复是需要时间的，甚至还会有被打回原形的可能。举个简单的例子，就算你已经开始减肥了，也并不意味着你每天早上都能看到体重的减少。有时会在减掉一点之后开始反弹，一不小心还可能伤到其他的身体部位。因此，在我看来，恢复自尊的过程，和练就健身达人的过程有很多相似之处。

从这个意义上来讲，只通过书本学习心理学知识的人和只跟着教材做健身训练的人一样。健身教材会告诉我们身材不好的原因和锻炼肌肉的方法，但脱离了实践的理论也只是知识而已。如果想变成健身达人，就只有"勤加练习"这一个办法。恢复自尊也是同样的道理，如果只想通过读书来学习提高自尊感的技巧，结果不言而喻，就好比读了很多健身类教材，却连一斤肉都没有减掉。

自学心理学知识的人有一个共同的特点，他们中的很多人都对父母抱有极大的不满。令人诧异的是，他们不约而同地将自己产生情绪问题的原因归结于父母。毕竟，如果要将自身的问题合理化，把问题的来源锁定在家庭环境中是最简单、方便的方法。他们单纯地以为，是过去的经历造成了现在的自己，而过去对自己影响最大的就是父母。他们甚至断定自己的未来也不会有任何改变。这种想法着实令人惋惜。

记忆唤醒情感

众所周知，如果被不幸的记忆捆绑，负面情绪的滋生是不可避免的。一旦陷入负面情绪中，脑海中就只能浮现出消极的事情。过程中明明也有开心的瞬间，却完全记不起来。

当遇到长期争吵的夫妻时，这种现象就愈加明显。"这个人一直在欺骗我。""妻子每天都这样对我，我只能在外边瞎转悠，因为不想回家。"婚姻满意度低的夫妻常常使用"经常""总是""每天"这样的词语，因为使用这样的词语，可以很容易给过去打上标签。"我和你在一起没有一天幸福过！"这样的断言会把过去的美好记忆都牢牢封锁起来。从科学的角度来看，这是很自然的反应，因为控制大脑记忆的海马体和控制情绪的杏仁核是相连的。当你感到难过的时候，留在记忆中的大部分记忆都是悲伤的；当你感到委屈的时候，也只能想起令你心酸的事情。

这里有一个重要提示：如果你经常因为过往的经历而纠结、痛苦，那么就需要审视一下自己是否正在遭遇情绪压迫。不是因为不幸的记忆而感到忧郁，而是因为忧郁的情绪不断唤醒悲伤的回忆。在这种情况下，自尊感必然会被削弱。

和不幸的过去保持距离或彻底离开

怀抱着过去的记忆生活并不容易，就如同抱着大火球过日子一般。当自尊状态健康时，大火球可以充当安全的加热器。而当自尊感被削弱时，大火球就会瞬间变成熊熊燃烧的危险武器。

火球的大小和强度因人而异。根据保持距离的长短不同，人们有可能守住了自尊心，也有可能被烧得体无完肤。自尊感强的人之中，很多也有过不幸的经历，他们也会在回想过去时陷入痛苦和自怜之中。但区别在于，他们相对比较容易从负面情绪中走出来。他们知道如何远离那些火球，也很清楚那些痛苦的记忆只会让自己活在过去，这些其实都是长期训练的结果。

相反，自尊感弱的人总是把"不幸"放在离自己很近的地方，他们会把这种不幸藏在心里，扛在肩上。其实，如果能大胆地放手，随着时间的推移，不幸的事情自然会被忘却。但是，自尊感弱的人总会把不幸的事情拿出来"回味"，每次都把自己搞到遍体鳞伤。他们甚至会把自己的过去讲给每一个遇见的人。面对喜欢的异性，他们会急于把"父母给自己带来的伤害""被同事们孤立的回忆"一股脑儿地告诉对方。"理解这样的我吗？""你能忍受这样经历坎坷、不幸的我吗？"在这种心理状态的驱使下，他们会把自己身上的"火"引到办公室或者恋人的家中。

我们不应该忘记，所有的痛苦都是过去式。让时间倒流这件事是无法通过人类的力量实现的，时间流逝是不可逆的。在痛苦的过去和现在之间，留给我们一份叫作"时间"的礼物。这是公平地给予世界上每个人的礼物，为什么要拼命拒绝呢？难道不应该欣然接受吗？

去假设，去行动

当然，我们中的大多数人虽然心里很明白，但想摆脱回忆的支配并不容易。就算你使出浑身解数想忘记、远离那些过去，而当记忆再次出现在你的脑海中时，又有什么办法能阻挡呢？这种现象被称作"再体验"（re-experience）。通常指过去没有愈合的伤口，总会在现实中再次爆发。这个时候，你需要采取一些更加积极的方法来摆脱过去的困扰。

假设："如果不幸的过去并没有给我带来任何影响，那么现在的我会过着怎样的生活呢？"想想这个问题，然后把结果记录下来。例如，虽然父母的关系不太好，但假设我没有受到他们的影响，那么我现在的生活会是什么样的呢？虽然从小在指责声中长大，但如果我没有受到影响，那么我又会过上怎样的生活呢？仔细想想，可能就会得出答案。"我可能不会被前任甩掉，不会像现在这样深感自责。""我不会总是怨恨母亲，沉浸在自怨自艾中。"

设定目标：如果过分专注过去，脑海里就只能充斥着那些无法改变的事情，无暇考虑现在和未来了。我们要做的就是设定目标——时态为将来时，肯定句，减少描述情绪的语言，包含与行动相关的数据会更好。如果是刚刚失恋的人，设定的目标不应该是"不要留恋过去"（否定句），而是"一天之内，把过去放下"。把"不要因为婆婆的干涉发脾气"（情绪化，否定句）这样的目标改为"如果从婆婆那里感受到压力，就去运动30分钟"（行动的话，肯定句）。记住，目标的设定应该是将来时态，肯定句，以描述行动为主。

假设不成立时：有一些人确实无法将上述假设变成现实。那些被过往束缚了太久的人，那些难以放弃因不幸而获得怜悯与同情的人……这些人需要在继续等待中慢慢培养假设的能力。前文介绍的所有培养自尊的方法中，他们最应该关注的就是对未来的目标设定。

难以摆脱"自己绝对无法改变"的想法：如果有些人断定自己"绝对无法摆脱过去，绝不会有任何改变"，反倒是一个不错的征兆。能认可自己的现状，就是解决问题的开始。其实，并不是无法摆脱过去，而是之前的自己被不幸的经历和情绪包裹着，很难注意到解决问题的办法。今后，多做一些调节情绪和远离坏习惯的小练习，就可以从过去的否定想法中慢慢解脱出来。

走出自卑，从今天开始

假设，制定目标

想象一下，如果不受以往经历的影响，现在的生活会是什么样的呢？为自己描绘的画面设定一个目标，要求：时态将来时，肯定句，具有行动指向。

例如：

假如我父母的关系很和谐，我的生活会是什么样的呢？

→我会相信自己也可以拥有幸福的婚姻，不再对结婚有抗拒感。

例如：

高中时候，如果父亲的事业没有失败，现在的我会过着怎样的生活呢？

→我不会因为对父亲的怨恨和憎恶而浪费掉自己的 20 岁……不被家庭现状所捆绑，去过我想过的生活。

6

认为自己与众不同的人

　　每个人都想成为处理人际关系问题的高手，但这并不是件容易的事情。处理人际关系问题就像在高速公路上开车，无论你的车技多么高超，你多么小心谨慎，但是如果旁边的车辆出了问题，你也不能保证自己万无一失。毕竟，这不是一个人做好就能实现的事情。

　　自尊感弱的人更不擅长处理这种事情。当他们面对人际关系问题时，会首先把问题归咎于自己。这种想法会进一步发展成罪恶感，阻碍良好人际关系的形成。由于缺乏自信，他们的每件事都想依靠别人，或者因为担心被忽略而变得刻薄，这对人际关系都会产生不好的影响。尤其是那些贬低自身价值的人，更难采取正确的对策来解决问题。我们需要做的是冷静反思问题的来源，如果被负罪感和自责感捆绑了，就不可能做出正确的判断。

有差异不意味着不好

　　心理疗法中有一种疗法叫作"普遍化"，是指告诉咨询者他们有过的那些纠结和痛苦并不只发生在他们身上。得知不是只有自己遭遇这样的不幸，会让他们的内心获得暂时的平静。相反，如果他们认为只有自己处于困境之中，解决问题的难度就会大大提高。毕竟，经历本身就充满痛苦，再加上孤独的情绪，更让人难以承受。

因此，我们会让经历相似痛苦的人聚到一起分享经验。"原来也有像我一样的人。""原来也有人理解我。"这些想法会产生安慰的力量和摆脱痛苦的动力。

艺术家或对艺术很感性的人常常会觉得自己存在很大的问题，他们认为自己所拥有的感觉和感性都是不应该有的。"我只想做个平凡人，像机器一样不生气、不流泪。"他们通过这样的话语表达着对自己的不满。回顾往事，他们会认为显露情感是一件令人羞愧的事情，只能展现出自己懦弱、缺乏意志的一面。他们往往会因为"童年被父母批评过于敏感"而留下心理创伤。如果是男孩，还会被指责不像个男子汉。

这种想法主要来自两个偏见：第一是"我与他人不同"，第二是"与他人不同是不好的"。于是很容易得出"我比别人差"的结论。

与他人不同从来都不是一件坏事。比其他人更敏感、更感性都是很好的特质，因为这些人具备快速把握对方情绪和解读时代潮流的出色能力。

只是在年幼的时候，他们难免要多听一些父母的唠叨。我非常理解那些因为孩子哭闹不停而担忧的父母，他们担心孩子总喜欢笑会被看成不稳重，而频繁的哭泣又会被认为是意志消沉的人。

当这些特点被认定为不好时，最大的问题在于他们放弃了与别人产生共鸣。他们明明知道说了也不会被理解，反而会遭受非议，于是渐渐放弃了向别人吐露真心。

当感受到自己与他人有所不同时，与别人交流、融入集体会变得很难，只能在团体之外徘徊。他们很难去适应环境，也很难对别人敞开心扉。相反，如果过分地炫耀自己，也会影响亲密关系。

坚信自己非常不幸

有过不幸经历的人，因为羞耻心作祟，总是想拼命隐藏自己的过去。在他们的意识里，自己的人生是很特别的。这里所指的不幸经历包括：父母的关系不和谐，童年总被拿来比较，长时间饱受责难，遭到虐待或亲人分离，等等。拥有这些经历的人，通常都想隐藏自己的人生，同时也会对别人的人生充满幻想。

强调家庭重要性和充满幻想色彩的韩国文化催化了这一问题。尤其是"至高无上的母爱"被过分美化和夸张，给很多人带来了伤害。各种媒体总是大肆宣传"包容一切的妈妈""为子女牺牲自己的妈妈"，这会导致大家误以为很多人都是在洋溢着爱的家庭环境中长大的——拥有父母的鼓励和信任，在慈祥的母亲的悉心照料下成长，每天晚饭时，全家人都能围坐在餐桌前，其乐融融。这些都是美好的想象，事实往往并非如此。

很多人认定自己的生长环境与其他人不同，而这种想法大多会在成人（大学入学）后向负面的方向发展。当他们离开稳定的高中生活，接触到形形色色的人之后，问题就愈发凸显。大学新生中有很多适应障碍者，在他们内心深处隐藏着很多负面的想法。他们认为那些平易近人、性格温和的人都出生在富裕的家庭，在优秀父母的照料下长大。而相比之下，他们觉得自己什么都没有。

面对这种情况，大部分人都会选择和好友谈心来寻找问题的解决办法。"你不是一个人，我的经历和你很像，而且大部分人都是这样的。"如果能从朋友口中听到这样的安慰，心里的郁结应该会减少很多。当确认彼此拥有共同的经历和情绪后，沟通就会变得顺畅起来。

也有一小部分人会陷入被孤立、人际关系恶化的境地，他们认为自己异于常人的想法会更加坚定，从而失去了和他人产生共鸣的机会。

想让一个"坚信自己生活不幸"的人改变想法并不容易。不幸的大小因人而异，对有些人来说是像感冒一样的小事，对另一些人来说可能就是一辈子无法忘记的折磨。也有一些人经历了巨大的痛苦之后，还能若无其事地生活。有些人的痛苦和不幸无论与别人相比是多么不值一提，别人都很难说服他们从情绪中走出来。对他们而言，一旦相信就很难发生改变。毕竟，如果有人坚信自己非常不幸，应该也有他们的理由。不要忘了，抱着这种信念生活的人要比围观的人痛苦得多。

让遗忘放慢速度的念头——"为什么只有我？"

"为什么只有我会经历这种事情？"当这样的想法出现在脑海中时，问题就会变得复杂起来。"我很不幸"的负面认知叠加了不合逻辑的情感，"为什么"增加了指责的意味，这句话充满了对生活和命运的责难。

人类的记忆结构非常不稳定，普通的记忆会渐渐被遗忘。而"为什么只有我"的想法将记忆和情感相联结，忘记的速度就会慢下来。原本如果置之不理，记忆就会慢慢沉淀到"水面"之下，而如今当你马上就要遗忘时，它们又自己翻涌了起来。

因此，当你想忘记那些不寻常的糟糕经历时，不要把它们跟情绪联结起来，而是让回忆自己沉淀、消散就可以了。"为什么只有我？""我为什么会变成这样？"一定要打消诸如此类的念头，因为每一次质疑都会让不好的记忆和感情再次翻涌起来。当它不断反复、愈加严重时，人就会变得更加孤立，和他人的关系也会愈发尴尬。

走出自卑，从今天开始

记录我的特点，倾听别人的意见

改变的第一步是意识。当我认为自己很奇特时（"认为"在这里非常重要），请记录下自己今天在哪些方面和别人不一样。如果你因为成长的环境、父母、过往的经历等备受煎熬，先把它们一字不落地记录下来。然后，找一位值得信赖的朋友或协助者，咨询他们的意见。看看在他们的眼中，这些是否也是特别的事情。

我认为的特别之处：

朋友或协助者的意见：

7

看人眼色的心理

如果深究"为什么只有我"的想法，一定会滋生出怨恨：怨恨父母，怨恨如此生活的自己，怨恨社会，怨恨不特定的大多数人。当你意识到自己的错误时，自我责难、羞耻感就会接踵而至。别人都能做的事只有自己做不到，价值感的丧失自然不可避免。

在处理人际关系时，我们常常会听到有人说"我不像别人那样那么洒脱"。别人仿佛都能游刃有余地找到属于自己的价值观，而自己却总感到莫名的胆小、窝囊，这也许是因为我们生活的世界越来越私人化、个性化。当我们看到其他人总是能保持合适的社交距离，处理人际关系问题游刃有余时，就会感到自己被他们渐渐疏远了。但是，自己的内心却无法割舍与他人的联结，因此会产生这样的感觉——"只有我在意别人"。

是亲切还是看眼色？

有一个待人热情的大学男生，每当在学校里遇到需要帮助的朋友时，他总是积极地伸出援手。不管多么困难的事情，他都能扛下，并能圆满解决。大学毕业之后，他成为一名优秀的员工，工作业绩很不错，对待同事也是亲和友善、充满关心。

特别是他对待工作的奉献精神无人比肩。如果有突发性的事务，即使是周末，他也会返回岗位工作，加班是家常便饭。他从未跟任何人发过脾气，也没有抱怨过，看起来是个完美员工的典范。

然而，并不是所有人都喜欢他，也有人对他的性格感到厌烦。这个人不是别人，正是他的女朋友。他得到了其他所有人的认可，唯独他的女朋友这样挖苦他："你不是个真正亲切的人，你不过是在看别人的眼色罢了。"

两个人曾经一起来找我咨询。女方很肯定地说，她的男朋友所谓的"亲切"并不单纯，是带有目的性的，是在看别人的眼色。为了满足别人的请求，他总会推迟甚至取消与女朋友的约定。

但是，男方的看法则不同，他认为女朋友是嫉妒心作祟，不能理解自己。无论他怎样劝解，对方心中的怨气都难以消散。反复的争吵让他们双方都感到无比疲倦，他坦言已经陷入了要不要分手的烦恼中。最令人感到郁闷的是，这已经不是他第一次因为这种理由想和女朋友分手了。

为什么过分的亲切反而会被贬低

亲切是一种美德，很少有人讨厌亲切的人，问题在于需要判断这种亲切是源于对他人的照顾，还是看人眼色的故意伪装。

一开始极力反对女朋友看法的那个男生，随着时间的推移，开始一点点正视自己的问题。他开始怀疑也许正如女朋友所想，问题真的出在自己身上。女朋友的看法仿佛也越想越有道理——"你总是把注意力聚焦在别人身上"。

详细了解了他的情况后，我才知道，这个男生从小在父母的耳濡目染中长大。父母总是告诫他，要对人亲切，乐于助人，多关注别人的内心世界。男生只是遵循了长辈们的"教导"，没想到自己珍视的恋人却因此而总跟自己吵架。

这个男生虽然对别人很亲切，对自己的事情却总是疏忽。他不明白什么是自己的时间、自己的幸福、自己的喜好，甚至都不曾关心过这些东西。通常，这样的人不仅忽视自己，还会习惯性地忽略身边最亲近的人。

有些人对异性朋友或学弟、学妹非常亲切，然而一旦与有好感的异性确定恋人关系，他们便会渐渐疏远对方。这是因为在他们的意识里，"恋人 = 我"，不需要给予过多的关心。想象一下电视剧中作为一家之长的爷爷吧，他们通常对待邻居和亲戚都非常亲切，对待自己的子女却异常严格。这是他们对"严于律己、宽以待人"的误解，其实那些与他关系亲密的人又有什么错呢？

在现代社会，像这个男生一样对自己不上心，却对别人很关心的人反而会让对方感到有压力。不知不觉中，我们的记忆里就会刻下这些人"特别亲切"的印象。然而，这些印象并不完全是好的回忆，虚伪的感觉反而让人不舒服，原本关系亲密的人，也可能突然放冷箭。甚至还有人认为："我已经为你付出了这么多，难道不应该得到应有的回报吗？"于是，当我们看到那些过分关心、过分亲切的人时，就很容易想到"他肯定想得到相应的回报"或是"他有什么别的意图"。

正是因为这样，一些学校里的模范学生在步入社会后反倒不被重视，或者在公司里充当老好人，变成被同事们调侃、非议的对象。无论你是怀着什么目的去关照其他人的，都要知道并不是所有人都能以善意的目光看待你。况且，职场是一个暗地竞争的环境，你越努力，就越容易给别人留下压力和不好的印象。

当然，大家并不会公开指责待人亲切的人，因为这么做只会让自己变成坏人。但不管在什么情况下，人们都倾向于曲解当事人的行为和意图，这也算是自我防御的一种本能吧。

挑剔男的人气秘诀

以上就是善良的人很难维持良好人际关系的原因，他们的努力和付出并不会得到应有的回报。虽然表面上总是被感谢，却在团队中渐渐被孤立，集体氛围也会恶化。再加上是自己的原因，更令他们感到委屈。

这种问题不仅会出现在公司中，也会出现在家庭关系中。介意他人目光的亲切男人，一旦成为一家之主，就会变身工作狂。他们会为了守护家庭而疯狂地赚钱。为了挣更多的钱，他们会主动申请加班，公司聚餐从不缺席，就连周末也会去参加高尔夫聚会。

不是只有爸爸会这样，那些奉献型的妈妈每天都沉浸在"如何给孩子做营养餐""如何挑选好的补习班"的烦恼中。这些妈妈的心中往往抱着一个信念——"我做了这么多，孩子以后就不会埋怨我了吧？"她们把所有的注意力都集中在丈夫和孩子的身上，根本无暇照顾自己。

以"我"的标准看待整个家庭会让问题变得更复杂。原本就过分在意别人想法的人，将整个家庭与自己捆绑后，会更加重视邻居们的评价和其他熟人的态度。他们会经常"不必考虑自己的内心，优先顾忌其他人"。而这种思维模式会原封不动地传递到孩子那里，耳濡目染的孩子会对他人的评价过分敏感，往往容易忽视对自身情感和需求的关注。这就会导致他们虽然看起来很亲切，内心的健康状态却已经非常令人担忧了。

不知从什么时候起，电视剧中的男主角都变成了挑剔的男人。很多角色非但谈不上善良，对别人的心情也是毫不关心，只是沉浸在自己喜欢的事物中。然而，观众却对这类角色十分追捧，这是为什么呢？答案是，魅力。他们珍视自己的喜好，爱惜自己的情绪，对自己有较高的评价，自信就是他们的魅力。那些和外界保持距离、关注自我提高的人，总会获得别人的好感与尊敬。

过去，照顾他人是一种美德，也是更适用于农业社会的生存方式。在那个年代，为了完成农活，合作是最重要的。帮助别人就是帮助自己，"照顾"的重要性不言而喻。但是，随着当今社会的个性化和分离化发展，美德已经有了新的定义。如果打着关心的旗号贸然去干涉他人的事情，很容易听到"多管闲事"的评价。你的"照顾"可能只会换来"有点儿眼力见吧"的讥讽，或者"你怎么总操别人的心"的埋怨。由此可见，价值观的变化会随着社会的变迁而变化。

我们需要自私的利他行动

事实上，"应该只为自己而活，还是为了别人而活"是个需要认真讨论的话题，但我还是会常常跟人们说"请先考虑自己"。我有时甚至会给出直言不讳的建议——"请做出自私的判断，再去行动"，因为在我看来，这才是顺应自然。

我认为自私是人类的本性，我们应该承认并且以成熟的态度接受这一点。当然，世界上也有很多人过着服务他人的生活。他们帮助别人的理由是什么呢？是开心。因为他们能从帮助别人的过程中感受到开心，所以才持续做着这样的事情。我并不想贬低他们，相反，我很尊敬这些乐于助人的人。因为他们并不是为了别人而活，而是从内心深处感悟"助人之乐"，他们是成熟的、真正享受内在愉悦的人。

父母对孩子的爱也是如此，父母最希望看到的就是子女幸福。当看到孩子脸上的笑容时，他们就会非常满足。因此，父母总会为了孩子的幸福而采取一些行动，因为只有这样，他们才能同样感到幸福。

我想着重强调的是，一味地为了他人的幸福努力反倒会给对方造成压力，最终留给自己的只有背叛和伤心。即便是做志愿者，也要想清楚服务的最终对象其实是自己。父母疼爱子女的时候，保持"自己幸福"的标准才不会后悔。

我希望大家可以接受"人本自私"的事实，只有这样，我们才能毫无条件地去爱，真心地为他人服务。

走出自卑，从今天开始

写下我想要的东西

长时间看别人眼色生活的人，会在不知不觉中忘记自己。"我是谁""喜欢什么""讨厌什么"，统统都不记得了。因此，他们很难判断自己的需求和行动是否能保持一致。

从现在开始，把自己想要的东西详细记录下来吧，可能是自己所期待的，也可能是别人所期待的。而当你真要下笔的时候，也许会发现那可能并不是你的心之所向，只是别人的要求罢了。不用担心，当你看着自己写下的"希望清单"时，你就已经开始关心自己了。如果你发现有些内容其实是别人对你的期待，没关系，只需要承认"原来是我太在意别人的眼光"就可以了。

当你记录自己的希望清单时，需要符合三个书写条件。

1. 用肯定句，不用否定句。

2. 主语是"我"，不是其他人。

3. 以未来视角记录，不用过去视角。

例：

从现在开始，不要再感到不安了。

→从现在开始，拥有平和的心态。（肯定句）

别人如果能爱我就好了。（他人是主语）

→我想成为一个自信的人。（我是主语）

我曾经小心谨慎地生活，也有点懒惰。（过去时）

→未来，我要做一个豁达、勤劳的人。（将来时）

8

过度依赖的人

"依赖"一词和"自尊"一样被赋予了很多意义，对于它的解释也因人而异，但"依赖性"一词通常使用在贬义的语境中。在我们所生活的社会里，大部分人都认为"不依赖""自立"是更为健康的、对人有益的人格。

说实话，我并不认为"依赖"是个贬义词，也不太确定"非常自立"的性格是否真的很好。在这个生存愈发艰难的世界，寻找可以依赖的对象真的不好吗？

过度依赖当然是有问题的，我想讨论的是，适当的依赖是否有意义。根据依赖对象的不同，结果又会有怎样的区别？希望可以帮助大家区分什么是健康的依赖，以及如何运用到实际生活中。

我们曾经都依赖过

孩子都是有依赖性的，如果不依靠妈妈是无法生存下去的。新生的婴儿还不会爬，甚至连抬头都不会，他们只能依靠吮吸母乳生存下去。婴儿对妈妈很依恋，如果和妈妈分开，他们就会感到非常不安。

　　婴儿需要父母的原因不仅仅是父母能给他们喂食、洗漱和清理排泄物，婴儿很难独自入睡，需要父母一边轻轻拍打，一边唱着催眠曲，他们才能进入梦乡。随着年龄的增长，孩子也会慢慢产生喜怒哀乐的情绪，这也是他们一开始不能独自应对的，因此那些黏人的、爱哭的孩子也需要父母的安慰。

　　即使是成年之后，我们身上也会留有这种依赖性的痕迹。例如，度过青春期后的男女会对异性产生强烈的渴望。比起一个人待着，他们更希望两个人在一起，分享彼此的心里话。爱和依恋也证明了人们从新生儿时期就带有这种依赖性。成年人的世界里也有依赖，很多不太成熟的人即使成年之后，也保留着对妈妈的那份依赖。大多数人依赖的对象是他们的朋友、恋人、伴侣，或是他们尊敬、相信的人。有一些人依赖的对象是药物、酒精，这会导致一系列社会问题。

　　从某种层面上来看，人生的成败往往跟选择的依赖对象有关。有些人不成熟，无条件地依赖他人，而另一些人则以熟练、高级的方式"实践"着另一种依赖。

不成熟的依赖

　　依赖是人类的本能，每个人的一生都是从依赖开始的，因为这是和生存直接关联的必备要素。但随着我们长大成人，依赖的方式也应该变得成熟。

不成熟的依赖主要有三种情况：依赖程度太强，依赖方向错误，不承认自己依赖。

依赖性太强的人总是不停地渴望别人的关注。这些人很难度过独处的时光，也会因为担心在团体中被孤立而战战兢兢。他们可能无法忍受单身生活，会在与恋人分手后不久就找到新的恋人，或是提前找好"备胎"。相反，能做到适当依赖的人会选择可以依赖的对象。

如果依赖的方向找错，很有可能就去依赖比自己弱势的对象。例如，职级高的领导向刚入职的新员工寻求慰藉，教授向学生寻求安慰。这种不适合的依赖往往会引发其他问题。

上述这些对依赖不成熟的表现，大部分是依赖者没有意识到或不愿意承认自己的问题。父母常常会说"只要孩子幸福，我就满意了"，无意识间表现出了自己的依赖性。这样一来，孩子就会下意识地把父母的生活捆绑在自己的人生中。最终，孩子会感到沉重的负担，在自身幸福和父母的满足之间迷失方向。

不成熟的依赖还会恶化依赖者与伴侣或恋人的关系。尤其是当关系恶化时，两个人总会发生这样的争执："只要你改变，我就能幸福！""就因为你这个样子，才会把我搞得像个疯子！"这也是把自己的幸福、安定与其他人捆绑在一起的表现。因为选择依赖的对象并不比自己优秀，或者不是自己尊敬的人，久而久之，会引发更加厌恶、轻视对方的问题。如果对象是比自己弱的人，请马上放弃依赖。如果做不到放手，反而去依赖对方，就会造成关系的不稳定。

不成熟的依赖者一旦心情不好，就想找个依靠。而当他们争取失败后，就会转变为"对他人的责怪"，这在心理学上叫作"投射"。

"我的不幸都是因为高考落榜。""我的抑郁都是因为遇到了这种老公。"……如果启动了这样的心理防御来消磨时间，那么此时对方到底有没有问题就已经不重要了。依赖了不应该依赖的人，还一味地将责任归结于对方，这样终究是很难得到幸福的。

成熟的依赖者

所谓"成熟的依赖者"可以坦然地接受自己的依赖。凭借强大的自尊，他们不会费尽心思去身体力行所有的事情，反而会承认自己的能力有限，大方地向其他人寻求帮助。

成熟的依赖者大概有三个主要特征。第一，他们依赖比自己强大的事物，依赖的方向很明确。为了获得知识而依赖书籍，为了保持健康而求助医生，他们可以对他人的长处做出冷静的判断。

第二，他们的依赖很透明，可以向所有人公开。"为了隐藏焦虑，偷偷向酒精寻求安慰""为了获得爱情，陷入不伦之恋"，这些对他们而言是不会存在的事情。他们依赖的对象可能是旅行、娱乐、爱好或者是家庭、信仰之类的东西。这些依赖都可以堂堂正正地展现在大家面前。

第三，对于依赖对象，他们会给予相应的报答。在我过去工作的医院里，院长如果遇到在食堂工作的员工，会亲切地称他们为"喂饱我的恩人"。虽然他是经营一家大医院的院长，但在吃饭这个问题上，他也一样要依赖食堂工作的阿姨们。因此，为了维护她们的自尊，院长会以这样尊重的方式来给予回报。成熟的依赖并不是单方面剥削，而是投桃报李，互不亏欠。

依赖会诱发自恋

人际关系不是靠一个人建立的，两个人以上才能称为"关系"。关系会给彼此带来影响，如果两个人之间不能互相影响，也很难被视为关系。

一个人的特点会给人际关系中的其他对象带来影响。这里所说的特点可以是情感、行为，也可以是内心想法在无意识中的传达。父母如果生气了，孩子便会感到畏惧；如果老板的脸上露出了笑容，员工们也会感到安心。

如果你面前的人想依赖你，你会怎么做呢？首先，会产生想帮忙的念头。懂得如何积极地利用这种场景的人，会最大限度地降低姿态去请求帮助。"我们非常急切地需要帮助，您可以帮到我们"，听到这样的话，即使是自身情况比较困难的人也会暂时忘掉自己的难处。他们哪怕是省一点饭钱，也会捐款或者申请长期支援。

当然，也会有一些人因为负担感而离开。"我现在过得也很难，真的是捉襟见肘啊！"在这种想法的驱使下，他们会拒绝或者回避。

精神医学专家针对"依赖会诱发对方自恋倾向"的观点进行了说明。盲目给予别人帮助的行为源于瞬间对自身能力和价值的过高判断。而拒绝帮助的人则是为了保护自己剩余的资源，提高自我防御的能力。这两者相结合，就构成了依赖诱发自恋倾向的理论。

问题在于补偿

当一个人具有依赖性时，对方就会产生自恋倾向。他会提高对

112

自我的评价，在给予依赖者帮助时，两个人之间便形成了依存关系。需要帮助的依赖者和"热心肠"的自恋者相遇——也许这个世界上所有的"爱"都是这样开始的。第一次拥抱孩子的母亲在感到巨大责任的同时，也渴望成为一位完美的母亲。"希望给孩子最完美的幸福"，当这样的想法产生时，就会形成母子之间的依恋关系。

公司也很巧妙地运用了这种心理，所谓"新员工培训"就是唤醒这种"自恋"的过程。公司会一字一句地告诉员工，他们对公司而言多么重要。资深的老板不会压迫和威胁员工，反而会以低姿态——"拜托你了"来提出要求。这个时候，员工就会下定决心用自己所有的力量去帮助公司、帮助老板。

为了很好地维持依赖与自恋之间的关系，需要进行适当的补偿。如果员工提供劳动，老板就应该支付令人满意的报酬，这样员工才能对老板也产生依赖心理。当依赖和自恋可以由双方交替感受时，关系才能长久地维持下去。无论是多么负责的妈妈，在辛苦的育儿过程中也难免会有疲惫的时候，但看到孩子一天天长大，油然而生的喜悦对妈妈来说就是一种补偿。再加上周围人的称赞——"你把孩子养得真好！多亏了你，孩子才能这么健康、可爱地长大"，经常得到这样的夸赞，也会让妈妈和孩子的关系有更加健康的发展。

另外，当依赖和自我满足之间的界限模糊时，都会出现问题。当对方过于依赖，而你无论做得多好都无法得到积极的回应时，你感到疲倦是必然的结果，再加上原本被激发的自恋情绪遭到了冷遇，厌恶之情会愈发严重。

因此，过度依赖的人往往会被拒绝，也会从"自恋"的对方那里受到伤害。而依赖的一方往往更容易纠缠，这是因为在那些依赖性强、没有自信的人眼中，对方总是充满自信和健康活力的。其实，自恋者们并不会有什么改变，增强的只有依赖者的依赖性罢了。当疲惫的自恋者提出分手时，虽然依赖者会感到受伤，但埋下这颗不幸种子的其实就是依赖本身。

为了摆脱过度依赖必须打破固有的观念

被依赖困扰的人主要有三种错误的认知。因为这些错误的固有观念，他们很容易在人际关系中过分依赖，被别人牵着鼻子走。最终，他们在听到一些"难听的拒绝"后，感叹自己的悲哀人生。下面来说一下这三种错误的认知。

第一，把独处等同于孤独。他们会给"没有恋人、没有家人、没有组织"赋予过多恐惧的色彩。其实，独处并不意味着伤痛，也不是受欺负。而那些被依赖困扰的人总会怀疑导致独处的原因是自己身上存在什么问题。

第二，幻想别人会来拯救自己。他们认为自己是"生活有缺陷"的特殊人，当认定这份特殊性时，悲剧就开始了。在他们眼中，和自己不同的大部分人都拥有很多，理应帮助像他们这样"一无所有"的人。他们总把羡慕别人挂在嘴边，甚至依赖那些比自己柔弱的人。结果当然是令他们失望的。

第三，依赖是一件非常差劲的事。抱有这种信念的人，当他们听到"你太依赖人"的评价时，就会陷入极度的自卑中。每个人都有依赖性，只是依赖谁、怎么依赖、依赖多少的区别罢了。如果你认定依赖本身是件不好的事情，那去医院看病、与人交往都会变成你忌讳的事情。另外，如果一直不愿意承认自己依赖，那你就会被自恋者牵着鼻子走，从而给自己带来伤害。

如果你阅读这篇文章时，发现自己"好像很有依赖性"或者"属于不成熟的依赖"，请先把这些想法暂时搁置吧，这种反应并不是件坏事，审视自己并且认识到不足是非常重要的过程。经历这个过程后，你就会慢慢掌握成熟依赖的方法。

相反，如果你认为自己并不喜欢依赖别人，或者已经做到了成熟依赖，那恭喜你，对自己满意也是很重要的。也许这也从侧面证明，你的自尊感正在一点点提高。

走出自卑，从今天开始

计划未来的依赖

∨

首先，承认每个人都有依赖的本能，依赖是很正常的事情。

接下来，让我们想想应该依赖什么呢？这个目标应该比我们强大、健康、健全。如果依赖烟、酒等有害物质，身体就会被搞垮；如果依赖赌博、不伦恋，结果可能就是家财四散、出尽洋相。

如果因为无法承受压力而开始依赖香烟，那就请先确定依赖什么才能真正缓解你的压力。生气和沮丧时，是依赖冥想，还是打电话向恋人诉苦？

如果想依靠某个人，这个对象最好已经通过了你的验证。完全抽象的事物或者已经去世的人也可以作为你选择的对象。如果身边有亲近的人去世，我会变得特别脆弱。这时，过世的人就成了我的依赖对象。虽然我们无法了解人去世之后的世界，但无论多么依赖他们，都不用担心过世的人会变成自恋者，从而给我们带来伤害。

Part 3 结束语

适当的距离是一种保护

80%的想辞职的人都选择了"人际关系"作为理由，这一理由在所有想辞职选项中位列第一。人际关系是很多人都重视却很难解决的课题。不仅在职场，朋友、夫妻、亲子、婆媳关系都属于人际关系的一部分。

对于人际关系有困难的人，我最想强调的是距离感。如果你想和所有人都亲近起来，或者想得到所有人的认可，我劝你还是尽快放弃这种想法。应该努力把适合自己的人留在身边，不要把注意力集中在不适合自己的人身上。

我想强调的第二点是作用与反作用。当我向外推的时候，也会有一种力量推向我；当我攻击别人的时候，我的内心也会承受同样的攻击；当我让别人感到痛苦的时候，我自己也会遭到打击……不知不觉中，攻击兜兜转转，打了个时间差之后，又通过别人的手作用到了自己身上，只是之前一直没有察觉到罢了。

最后，我想强调的是，良好的人际关系也是有局限的，世界上不存在完美的人际关系。亲子之间必然会渐行渐远，兄弟一年到头只能见上两面，这就是现代人的现状。同亲人都会疏远，更不必说社交关系中遇到的其他人了。如果想维持好关系，是需要费心经营的。

　　很多人会用人际关系的强迫感来折磨自己，大多数上班族都要面对紧张、繁重的工作，还不惜将大量的时间消耗在处理人际关系问题上。不要总是评价和苛责自己的人际关系，不如用那个时间好好休息一下。正如前文中提到的，像下班之后马上忘记工作一样，希望你也能放下那些关于人际关系的思考。

Part 4

阻碍自尊提高的情绪

1

为什么情绪不能随意调节呢

从现在开始，让我们了解一下生活中的各种情绪。自尊感和情绪是密不可分的，我们生活中遇到的大部分问题都与情绪有关，如何去表达、控制情绪，可能会决定一个人的命运。然而，出人意料的是，很少有人懂得如何去表达和控制情绪。

在实际咨询的过程中，当我问到"当时，您感受到了什么样的情绪"时，几乎没有人能准确地回答这个问题。超过一半的人会完全否认自己的感受，或者装作若无其事的样子，抑或干脆避而不谈，转换话题。一开始面对这样的反应，我非常慌张。为什么不能诚实地说出自己的感受呢？

然而，不久之后我意识到，这种反应是很正常的。情绪是人类的本能，而"用嘴说出来"则属于理性的领域，因此那些沉浸在某种情绪中不能自拔的人很难准确地表述自己的情绪。在本能驱使下行动的人，自然很难在理性的领域找到答案。正如同"语塞"一词的含义，当人处于非常疲惫的状态时，可能一句话都说不出来。只有在这种情绪消失之后，才能对这种情绪进行分析。

情绪是心中的时尚

情绪是展示内心世界的一种方式。这就是为什么我说控制情绪的能力可以与时尚感相提并论。如果把材质好的衣服穿得很有品位，就可以在人群面前神采飞扬；如果穿着破衣烂衫，则会让人看起来萎靡不振。正如世界上并不存在绝对完美的时尚，情绪也没有绝对的好坏之分。有的人虽然穿着象征愤怒、悲伤、自恋的破旧布料，却也可以打造出帅气的复古风，而另一种人即使拥有幸福、喜悦编织成的华丽衣裳，如果被强迫穿在身上，也称不上是好的时尚。

自尊感的强弱，取决于如何通过情绪的调节来主导自己的行为。从这一点来看，如何调节情绪会影响人生之路的走向。

调节情绪与自尊的关系

当今社会，如果能诚实地表达自己的情绪，即使挨几句骂，也会被当作美德。因此，鼓励大家拿出被讨厌的勇气，宣称自己要过得"糙一点"，都成为这个时代很常见的现象。"不要隐藏自己的情绪，如实地表达自己的情绪才能成就健康的人生"成为大众化的普遍认知。

不过，事实真的如此吗？情绪的表达当然很重要，但并不能说直接的、随心所欲的情绪外露就一定是健康的、对人有益的事情。同饥饿与困倦一样，情绪是人类的本能，因此，情绪在被觉察到之前会存留在无意识中。如果因为饥饿而总是只吃快餐，就可能患上糖尿病或高血压等疾病，过度的睡眠也会对身体有害。

情绪调节也是一样的，适度才是最佳的状态。问题在于，虽然想适当控制自己的火气，但总会有太生气或根本无法表达自己情绪的时候。长此以往，情绪将不受意志的支配，作为自尊的组成要素——"自我调节感"也会下降。

情绪爆发后转而沮丧的原因

如果了解情绪产生、转化为行动的过程，就会发现情绪调节中的一个小线索。

当情绪高涨时，大脑会直接感觉到危机。伴随着带有攻击性的神经递质肾上腺素激增，活性物质多巴胺会聚集至本能中枢。同时，控制理性的额叶系统也会关闭。此时，大脑会意识到紧急状况的发生，生存问题比理性与否更加重要，大脑深处感知本能的边缘系统也会被唤醒。

这些来自大脑的信号会直接传输给身体。"出大事了！现在主人很生气！准备战斗！"接收到这样的信号后，心跳开始加速，呼吸也会变得急促起来。而这些身体上的变化也会再次被大脑感知，并明确地做出判断——现在是危机时刻！这样的意识会再次传达给身体。循环往复，大脑和身体会处于不断唤醒对方的状态。

如果此时不能及时"刹车"，身体的紧张感上升到最高点后，就会突然"爆炸"。愤怒会在无意识中以"大喊大叫、乱扔东西"等外在的形式释放出来。这个时候，肾上腺素达到峰值，多巴胺的活性也会最大化。当大脑和身体的紧张程度达到最高值后，大脑会突然陷入忧郁状态。这是因为大脑和身体在过度活跃之后进入了休息期，人体的神秘也由此可见。如果极度兴奋的状态一直持续的话，人类将无法生存。大脑很清楚这一点，它会迅速停止肾上腺素的分泌。这时，人类就会产生很强的无力感。

因此，父母对孩子大吼大叫后总会陷入自责，那些对伴侣恶言相向的人也会在事后感到深深的内疚。可见人类在经历兴奋期之后，情绪会转为失落和忧郁。这并不是情绪的作用，而是大脑构建的安全装置。兴奋后的忧郁是控制危机的本能，对人类的生存至关重要。

无法调节情绪的三类人

人类通过大脑和身体的适当调节来维持生存，但的确有一些人在情绪的控制方面不太擅长。主要有以下三类人。

第一，已经养成外向攻击习惯的人。这些人每当处于大脑的兴奋状态时，连同手脚和声带都会一同激动起来。情绪的兴奋会激发大脑最深处的情绪中枢，而身体会试图转移集中在情绪中枢的活性成分。情绪亢奋时，伴随身体的变化，小脑也会被激活，努力使情绪中枢寻回稳定。人们有时会选择深呼吸、独自挥舞拳头或者登到山顶怒吼来释放情绪。问题在于，如果这种身体运动过分激烈，就会威胁到别人或者对自己造成伤害。如果养成这种习惯，将会带来可怕的后果。

第二，过去的伤口没有治愈的人。大脑中控制记忆的区域叫作"海马体"，对于过去的记忆会一点一点累积在海马体上。但是，由于海马体紧挨着情绪中枢扁桃核，所以记忆和情绪总是结伴同行。因此，那些旧伤没有愈合的人，过去的"情伤"也处于没有修复的状态。一丁点刺激就会引起他们过激的反应，越是那些遭遇过极度恐慌的人，越容易遭受不安的袭击。"一朝被蛇咬，十年怕井绳。"这也是那些心中怨恨没有得到消解的人，面对毫不相干的人也会控制不住自己的愤怒的原因。

第三，拒绝情绪的人。这些人平时不会发火，也不会表达怨恨和悲伤。他们并不是没有感情，只是在他们看来，感性是软弱的表现，所以会拒绝情绪的外露。虽然很疲倦但还是佯装坚强的新手妈妈，面对自己的选择不轻言放弃的职场新人，为了通过考试而拼命努力的考生们……他们都属于这一类人，他们总会因为自然生成的情绪而感到自责。为了不被情绪影响，他们会否认自己的本能，比如一些减肥的人会认为自己不应该有肚子饿的感觉。

情绪调节达人的特点

那些无法控制自己情绪的人只会重复着自我压迫和爆发。他们面对恋人时总是努力压制自己的情绪，即使生气也会矢口否认。狂躁的心跳和强忍的泪水——尽管身体已经发出这些信号表达抗议了，他们还是把这些信号忽视了。随着情绪压力的不断积累，总有一天他们会不分对象地爆发。最终，既伤害了自己，也伤到了别人。

而那些善于调节情绪的人，他们能清楚地认识到自己承受的情绪压力，以及这些情绪压力即将带来的影响。他们也很明白，这些情绪的影响并不会仅仅局限于眼前。例如，当上司对下属发火时，这份怒气源于上司过去的经验和当下面对的情形，还会受到个人状态的影响，在多种因素的共同作用之下导致了现在这个局面。

因此，当情绪剧烈波动时，善于调节情绪的人不会轻举妄动，他们不会在这个时候做出重要的决定和承诺，而是等情绪稳定之后再采取行动。虽然在别人看来，他们可能像是在压抑自己的情绪，其实此时什么都不做才是最正确的选择。看到这种情形，也许有人会认为"他真是个没有感情的冷血动物"，但实际上，在情绪剧烈波动的时候，他们也采取了相应的行动，只是没有被其他人注意到罢了。他们没有大吼大叫，而是以深呼吸、暂时回避、整理衣着等行为来缓解情绪。

每个人都会有情绪激动的时候，差别在于有些人知道如何不动声色地等待情绪"降温"，而有些人则一定要闹到众人尽知的地步。

走出自卑，从今天开始

用感叹词作为"情绪日记"的结尾

要想控制自己的情绪，就要先学会如何面对它们。情绪如同席卷而来的海浪，我们应该做好乘风破浪的准备，而不是被肆意卷入波涛之中。如果长期活在大浪侵袭的环境中，当你看到波浪的一瞬间，就会感到恐惧。因此，为了学会乘风破浪的技能，就要从练习"睁眼看大浪"的技能开始。

回想这一天从早到晚发生的所有事情，并将每次联想时产生的情绪记录下来。这时，我们会发现有一些共同的情绪在重复出现。如果一种情绪反复了三次以上，请把与之相关的时间和想法记录下来。

这些记录，我称为"情绪日记"。情绪日记的最重要环节就是收尾，一定要以"我今天有过这样的感觉啊！"来结尾。反之，如果用"为什么会产生这样的情绪？"结尾，很容易再次激化情绪，继而陷入自我责难和忧郁之中。哪怕是刻意为之，也请你删掉日记结尾的问号，换成感叹词来收尾吧。

例如：

今天被科长训斥了，我好委屈、好愤怒。

刚回到家，老公还因为屋子很凌乱冲我发了脾气，太寒心了。

躺下睡觉之前，眼泪突然夺眶而出。

我的人生实在是太不幸了。

好委屈。

结尾：为什么我会这么心累呢？（问句）

今天遭遇了这么多不幸，实在是太委屈的一天了！（感叹句）

2

调节情绪时需要区分的事情

虽然说自尊是衡量"我对自己有多尊重"的一把思维标尺，但实际上，自尊也常常被视为一种情绪。因此，我们要能够区分和控制我们所感受到的各种情绪。在这种情况下，对心理学的了解可以提供一定的帮助。如果用物理学的视角来解读心理学，那么就可以把情绪看作电。电对生活来说是必需品，但如果处理不当，就会有触电的危险。

情绪也要有自己的姓名牌

控制情绪和开车有些类似。如果司机的技术很差，刹车、油门不听使唤，那再精致、豪华的车也会沦为无用之物。说停即停，想走就走，冲着目标方向移动，这是驾驶车辆的基本技能。熟悉驾驶的基础知识之后，还需要掌握详细的技术，如踩下右侧踏板可以提速，扭动哪里可以提高车内的温度，按下哪个按钮可以熄火，等等。

对于情绪的处理也很类似：我们感受到了什么样的情绪？这些情绪的特征是什么？各种情绪的共同点和不同点是什么？这些都是

我们应该了解的。幸运的是，人类已经意识到了这些，并给每种情绪都赋予了名字。

情绪的名字之所以重要，是因为存在一种能力——"呼唤名字的效果"。2009年2月，刊登在《神经外科期刊》上的一篇论文中，发表了一个很有趣的研究结果：肿瘤或事故受伤接受（脑）手术后的患者中，大部分人很难在看到物品的同时说出对应的名字。研究这一症状的统计结果表明，大脑左侧额叶和前侧颞叶的损伤会引发这种现象的产生。特别是对于那些额叶受损的患者，"看脸识人"的能力会明显下降。

当情绪高涨时，大脑整体功能集中在最深处的中脑和边缘系统。此时，额叶皮层几乎不起作用。在这种情况下，只有使大脑活性均匀地分布在不同的部位，我们才能从情绪的桎梏中走出来。

情绪卡游戏是帮助稳定情绪的工具。在咨询中，我们经常向客户展示情绪卡片，让他们有机会用理性的方式来洞察自己所感受到的情绪，效果很不错。

情绪卡片

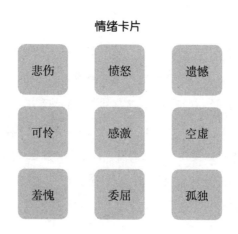

悲伤	愤怒	遗憾
可怜	感激	空虚
羞愧	委屈	孤独

安抚情绪的五类方法

在攻读精神病学专业期间，我在一个研讨会上接触到了认知行为疗法理论。如同化学研究的起点——元素周期表，认知行为疗法将世界上所有的情况和经验划分为几个类别：事件、思考、情绪和行为。

对于像我这样平时就很喜欢分类的人而言，认知行为疗法具有很大的吸引力。令人惊讶的是，如果你养成了对事物分类的习惯，那么你生活中的很大一部分将有所改变。举个例子，我曾经在无数个深夜里，因为情绪的波动而彻夜难眠。当人们都进入梦乡之后，我还在一个人发呆。某一天凌晨，突然清醒的我想到了认知行为疗法，并决定尝试一下。

我时常在深夜无法入睡，诱发这种"行为"的"情绪"是什么呢？一想到这儿，我就会心跳加速、呼吸急促，感到十分不安。仔细想想后，我明白了自己不安的原因，原来我是在担心自己能否成为一个好爸爸。那么，促使这种想法产生的"事件"又是什么呢？应该是几天前得知了妻子怀孕的消息。事件产生了思考，而思考催生了情绪，情绪又触发了行为的产生。

像这样根据认知行为疗法的原则，将事情按照"事件、思考、情绪、行为"四大类进行整理，在某种程度上可以让情绪恢复稳定。最近，我又在此基础上增加了"身体反应"这一类别。我所感受到的情绪是什么？诱发情绪产生的时间和思考是什么？产生了怎样的身体反应和行动？通过了解这些点来更好地把握情绪。

分类是理性思考的范畴。通过这样的方式，我们可以将集中于情绪的大脑活性因子分散到理性的领域，从而摆脱情绪的束缚，自然就可以发现问题，并采取相应的对策了。

- 事件：妻子怀孕了。
- 思考：我能当一个好爸爸吗？
- 情绪：不安，焦虑。
- 身体反应：失眠，心悸。
- 行为：晚上一个人呆坐着。
- 对策：从明天早上开始检索"如何成为好爸爸"的内容。

像这样通过区分事件、思考、行为和情绪的方法，可以让我们了解自己感到辛苦的原因，从而达到稳定情绪的目的。当厘清了那些纷繁、复杂的因素后，心情自然会好起来，也可以开始制定具体的对策。

不过，这个方法也有行不通的时候。当面对很严重的创伤或者持续了很久的伤痛时，当事人根本无力进行上述的分类。他的执行力会大幅下降，区分的能力也会有所下降。

在这种情况下，所有的一切都会纠缠在一起，情绪中枢和记忆中枢会同时变得紊乱。悲伤感袭来的时候，我们只会想起那些悲伤的往事。火冒三丈的时候，我们的脑海中也只有那些令人气愤的回忆。消极记忆的残留只会引发更加消极的情绪，形成恶性循环。随着压力的增加，过去、现在和未来也会混淆、错乱，甚至还会把自己的状态和别人的状态混为一谈。过去经历的痛苦的事情会被放大成"未来也会发生的事情"，"我很差劲"的想法也会变成"别人对我的嘲笑"。

这就是所谓的"内心情绪与记忆之间的恶性循环"。长此以往，消极情绪就会被放大。因此，当情绪调节不太顺利的时候，要学会将"视角"和"观点"区分开来。过去感受到了怎样的情绪？现在是什么感觉？未来会变得什么样？你自身所希望的是什么？尝试用这样的方式进行分类。另外，再补充一点，一定要保证这些都是自己感受到的情绪。

情绪难以调节的特殊情况

实际上，很少有人能从一开始就掌握这样的分类技巧。相反，如果在感知到情绪之前就做好分类，反倒会被诊断为强迫症。但可以肯定的是，一旦陷入情绪的沼泽，如果采取上述方式，大概率是可以摆脱情绪折磨的。

不过，无论多么努力都难以控制情绪的情况还有很多。从社会学或生物学的角度来看，这种情况通常是处于脑机能混乱的时期。例如，长期没有睡觉或者坠入爱河的时候，无论是从身体还是情感上来看，这些时候都被视为非正常状态。很多人错误地认为，越是这种时候，就越应该好好地掌控自己的情绪。其实，在这种情况下，一不小心就会导致自我认知的破灭。当处于下列情况时，就可能发生情绪的失控。

遇到与家人相关的事情：很多人会把家人的事情误解为自己的事情，把家人的情绪"迁移"成自己的情绪，或是将原本只有自己感知到的情绪认为是全家人都会有的情绪。比起自己生病，家人生病会令他们更难受。父母被辱骂时，自己也会比父母更生气。遇到与家人相关的事情产生的情绪会像滚雪球一样越变越大，难以调节。

饮酒的情况：饮酒之后，大脑机能会集中至控制本能的边缘系统。这就意味着，控制理性与行动力的额叶皮层的活性会有所下降。这可能导致当事人把过去的记忆误解为当下的情绪，难以区分他人和自己的行为。

饥饿或睡眠不足时：此时，身体的状况会被大脑认知为危险情况。饮食和睡眠是由大脑最深处的丘脑控制的，长期睡眠不足或血糖供应不足时，会被丘脑判断为紧急状态。此时，情绪和理性都会消失，留下的只有生存本能，结果会导致过度的攻击性或暴饮暴食这样的反应。

坠入"爱河"时：同上述的家庭纠葛和醉酒一样，这个时候，理性也会处于瘫痪状态。尤其是当你坠入"爱河"时，会过度地使用压迫机制来抵制负面情绪的产生。养育孩子的母亲中，有不少人是一边深爱着孩子，一边抱怨自己很难控制情绪。其实，正是因为爱的存在，才导致情绪难以调节。

遇到和自己处境相同的情况时：同情和怜悯的黏着性非常强，虽然很难人为地使其分离，它们却很容易作用于行动。当亲近的朋友或同事遇到了和自己相同的事情时，在情绪的驱使下，大部分人都难以熟视无睹。

当遇到上述这些情况时，你不得不承认很难依靠自己的力量来调节情绪。不要相信自己可以百分之百控制情绪，如果能控制一半，就可以算得上成功了。在面对这些情况时，过分执着于情绪的控制，可能会导致自我认知的幻灭，陷入无尽的自责之中，反倒会令你丧失控制情绪的能量。

走出自卑，从今天开始

练习如何区分思考、行动和情绪

回想一下今天感受到的某种情绪和某个事件，根据下面的提示，尝试做一下区分。

今天，因为很小的失误被上司指责了。

• 当你想起这件事时，有什么样的感觉？

例：委屈，羞愧。

• 当你想起这件事时，在你心目中，自己是怎样的人？

例：没用的人，这样下去，说不定会被老板炒鱿鱼。

• 当你想起这件事时，浑身上下有什么样的身体反应？

例：心悸，脸红。

• 发生这件事情以后，你采取了什么行动，未来你想怎么做？

例：今天，我暴饮暴食了。将来，如果再发生这样的事，我希望能和朋友一边喝咖啡，一边吐槽、谈心。

3

控制难以控制的情绪：羞愧、
空虚、矛盾

　　曾经有一位红极一时的喜剧演员突然宣布隐退。他说，有一天他化妆的时候，突然觉得自己很丢脸。他的脑海中充斥着各种想法："如果让孩子看到我这个样子，他会怎么想呢？""喜剧演员能做到什么时候呢？"……当时，他虽然还是登上了舞台，却只能表情僵硬地完成表演。羞愧难当的喜剧演员再也无法给观众带来快乐了。无论拥有多么高的人气、挣再多的钱，都无法抵消他心头的羞耻感。最终，他没能坚持下去。宣布隐退后，他开始了新的事业。

　　羞耻感就像内心的一个蜂巢。当你感到羞愧时，那些被封印的愤怒、自卑、伤痛就会喷涌而出。如果小心处理，说不定会得到香甜的蜂蜜。一旦鲁莽地捅到了蜂窝，那还是"三十六计，走为上计"。

　　即使是常年活跃在舞台上的演员，一旦羞耻感涌上心头，就很难调节好自己的情绪。当感到惭愧和羞耻时，无论是谁，都会陷入困窘的境地。虽然有极少部分人可以避免这种情况的发生，但几乎没有人在面对羞耻感时毫不畏惧。

经常感到羞愧的人容易产生哪些误解

羞愧，源于对他人视线的在意——"人们会把我当作多么奇怪的人啊"。我认为这正是团体生活的产物。很多年轻人虽然总是高呼着"别人的视线有什么重要"，但他们依然深受网络评论和 SNS 的影响。

经常感到羞愧的人通常有以下几个认知误区。

第一，误以为所有人都在关注自己。联想一下拍大合照时的情景，就很容易理解这一点。野餐后拍大合照的时候，我们总会因为只有自己闭了眼睛或者表情不好而感到难过。其实，关注你表情的只有你自己，大部分人并不关心你穿了什么衣服，有什么样的妆容，有没有闭眼睛。

第二，过分贬低自己。即使不是完美主义者，大多数人也会对自己的行为举止比较严格，认为自己的任何行为都应该有一个合理的理由。然而，别人其实对你的行为和变化并没有多大兴趣。对他们而言，这不过是一种可能性罢了，并不会像你评价自己那样严格。

第三，误以为别人会永远记得某些瞬间。假设有人在你背后嚼你的舌根，或者公司的同事聚在一起对你说三道四，抑或是你得知朋友在你背后说你的坏话，你一定会深受打击，侮辱感和背叛感交织在一起，令你备受折磨。但事实上，这些可能都是你的错觉。对他们而言，谈论别人不过是一些"说过就忘的"八卦琐事。那些以嚼舌根为乐的人，会很快找到下一个关注的对象。其实，人们从一开始就对其他人没有太大的兴趣。

空虚感，情绪的真空状态

羞愧是一种高密度的情绪。它把他人的评价、关注、力度和时间等纠结在一起，是一种非常复杂的情绪。而羞耻感的对立面是空虚感——什么感觉都没有，没有兴奋，没有羞愧……我们把这种内心真空的感觉叫作"空虚感"。

空虚本身并不是消极的情绪，反倒有很多人努力将内心清空，追求无念无想的境界。正如我们把不活动的状态称为"休息"，对于那些情绪疲惫的人而言，"什么都不要想"是他们真正的愿望。但是，当你把脑海里的思绪清空时，空虚感就会随之而来。

很多人会把空虚感视为一种痛苦。当那些受伤很深想忘记所有的人拼尽一切达到想要的状态后，他们反而感受到了空虚。为什么会这样呢？原因很简单，他们并不知道自己一直以来追求的其实就是空虚感。人们经常为赚钱或者有所作为而设定目标，但情绪的目标一般不会太具体，通常都是毫无计划的想法罢了——"只要比现在的情绪好就可以了。"因此，虽然潜意识里需要的是空虚感，但当真正感受到空虚时，人们并没有意识到自己的情绪目标其实已经实现了。

这样一来，当你拒绝空虚的情绪或认定它为消极情绪时，就会做出相应的消极行为。空虚是内心真空的状态，人们为了摆脱这种状态，会迅速采取一些行动。比如，有些人为了填补内心的空虚，会很随意地开展一段恋情。这么做虽然可以暂时忘记空虚的感觉，但很快又会面对另一种离别或者陷入不想要的恋爱关系中。

如果这个过程不断反复，就会在脑海中形成"学习惯性"，空虚感会与消极的行为融为一体。例如，将空虚和痛苦的恋爱混为一谈。那些为了消除空虚感而贸然做出的行为大部分会以后悔告终，空虚的情绪也会被认定为不好的情绪。

爱恨交织的矛盾情绪

有时，对立的情绪会接踵而至，这就是所谓的"矛盾情绪"。爱恨交织、被迫吃不想吃的食物，这些都属于矛盾情绪。

矛盾情绪很容易出现在吐槽恋爱问题的场景中。当你咨询朋友"我应该和这个人分手吗？"时，朋友会给你忠告——"趁感情更深之前，尽快分手吧"。这时，你的态度又发生了转变："怎么能这样呢？分手之后，去哪儿找这样的男人啊？不能分手啊。"然后，你一边说着"那就继续忍耐，努力交往看看吧"，一边抱怨自己实在是太辛苦了。想分手却又难以舍弃感情，想继续去爱又感到了极度厌烦，这样矛盾的恋爱故事实在是数不胜数。

有些人会经常陷入矛盾情绪当中，他们不仅会让自己很辛苦，也会消磨周围人的精力。朋友拿出时间请你喝酒，真诚地给出建议，结果你非但没有按他说的去做，还由着自己的性子随便做出决定。即使碰巧有一个不错的结果，你也不会对朋友表示任何感谢。这些人徘徊在矛盾情绪之中，消耗掉了自己所有的能量，以至于他们根本没有精力去照顾其他人。

认识我的核心情绪

到目前为止，很多人都难以控制的情绪有三种：高密度的羞耻感、低密度的空虚感，以及包含对立情绪的矛盾情绪。如果你现在处于情绪调节不好的阶段，那么这三种情绪之一经常发生的可能性非常大。

每个人都会有自己经常产生的情绪，这在心理学领域被称为"核心情绪"。核心情绪是羞耻感的人会经常性地感到羞愧，对周围人的反应非常敏感。旁人单纯地"看一眼"，也会被他们曲解为"嘲笑"。以"被无视"为核心情绪的人会动不动就感受到自责和委屈。他们在认识到自我的情绪之前，会首先感受到对方的敌意，进而转化为厌恶的情绪。

我们应该了解自己的核心情绪是什么。正如前面所说，为了更好地调节情绪，首先要加深对情绪的认识。委屈、愤怒、惭愧等等，每个人的核心情绪都不一样，而且有可能不止一个。

解决方案可能以多种形式呈现。在某些情况下，只要识别出情绪，就可以立即解决，而有的时候还需要配套使用其他的方法。重要的是，当你掌握了如何很好地处理一种核心情绪的方法后，就可以将方法应用于其他多种情绪。从下一章开始，我们将按温度对情绪进行分类，逐一指出各种情绪的特征，一起探讨如何控制自己情绪的方法。

走出自卑，从今天开始

思考我的核心情绪

我们应当了解自己的核心情绪。每当产生这种情绪时，我们应当意识到："今天，核心情绪×××又爆棚了！"认识情绪比我们想象的更为重要。如果没有很好地了解核心情绪，就很容易将问题归咎于"为什么我是这个样子？"。其实，根本没有这个必要，"为什么"的质疑很容易带来伤害，而感叹会帮助你更好地渡过情绪的难关。

令人担忧的是，自尊感弱的人常常会以内耗的方式提出质疑："我的核心情绪真的是羞愧吗？"让我重申一遍，核心情绪可能有很多种，每天都可能发生变化，甚至可能至今都没有确定下来。想想你童年时的梦想，或许就容易理解了。你小时候可能梦想过自己成为一名消防员、明星、警察或者国家首脑等，但随着你慢慢长大，这些梦想在时刻改变着。这并不存在什么问题，哪怕你没有梦想，也并不是一件绝对的坏事。

因此，我建议，不必下定决心要求自己必须找到核心情绪，顺其自然地整理自己的思绪就好。"我的核心情绪是什么呢？"哪怕只是提出这个疑问，对我们保持大脑健康也是很有益处的。

4

控制激烈的情绪：自我厌恶、自怜、自恋

　　情绪如天气。生活中，不可能每天都是晴天，会有阴天，也会有雨天。同样，情绪的变化也并非什么怪事。天气预报员并不是调节天气的人，他只是掌握了天气情况，并告诉人们在晴朗的日子里穿轻便的衣服，在阴天的日子里带雨伞出行。善于调节情绪的人和天气预报员很相似，他们并不是要把情绪消灭或者强行改变，而是去了解情绪，并思考如何应对。

　　自尊感弱的人却总是对自己产生的情绪感到不满。天气晴朗的时候，他们会嫌弃阳光强烈；下雨的时候，他们讨厌潮湿的感觉。天气的变化无法依靠人力改变，我们能做的只是采取不同的办法去应对不时变化的天气。

　　这就是我在探讨如何提高自尊的同时不断讨论情绪的原因。为了更好地应对情绪，我们必须了解和掌握它们。我们要分辨现在是"下雪"还是"下雨"，掌握它们的不同特征。

激烈情绪的四种类别

　　大部分韩国爸爸都是在抑制情绪的教育环境中长大的。他们一直听着"不能哭""男子汉哭什么哭"这样的话长大，所以他们努力掩盖自己的悲伤情绪，将它们压在心底。反观当下，强调"肯定的力量"——打压消极情绪的另一种"情绪强迫"又成了新趋势。因此，我们应该学会如何自然地接受情绪，以及合理地表达情绪的方法。

　　如果想获得幸福，你就必须有一个情绪收容器。通过健康的收容器，可以更好地接受各种各样的情绪。在你感受到积极情绪的同时，消极情绪也会接踵而至。这时，如果你惧怕消极情绪，那你的大脑就会做好平复所有情绪的准备。换句话说，如果你抗拒不良情绪，那整个情绪收容器的反应就会变得迟钝。过于频繁的情绪变化会导致敏感，而抗拒情绪则会使人变得迟钝。

　　负面情绪里也有"激烈情绪"，它们本质上虽然不坏，但我们需要学会和它们保持一定的距离。它们还有一个特征：面向别人和面向自己时，拥有不同的名字。

	对别人的激烈情绪	对自己的激烈情绪
一般情况	同情心 好感	自怜 自恋
不好的情况	愤怒 厌恶	自我厌恶 自责

愤怒与自我厌恶

愤怒是火一般的激烈情绪。心怀愤怒的人如同怀抱着巨大的火球，一旦触碰就会灼伤，因此人们总是努力想把愤怒推开。如果一个人长期心怀愤怒，那受影响的不仅仅是他的内心，还有他的身体。

愤怒如同热气一般，会瞬间弥漫四周。当遇到一个正在气头上的人，大部分人会选择避开或努力熄灭他的怒火，有时也会有人通过更愤怒的方式来压制对方。田野上着火时，迎着火势放火也是基于这个原理。那些善于应对"火势"的人，可以通过观察"风向"来控制对方的"火势"，不过一旦失败，遭受的打击也是翻倍的。

经常处于愤怒中的人通常对自己也总是生气。独自一人的时候生自己的气，和家人在一起时，他们就把火撒向家人。他们的心中总是充满愤怒，通常会从最近的地方开始"纵火"撒气。

如果你感觉自己心中总是充满怒气，请尝试了解一下自己愤怒的强度和原因。当你专注于愤怒的对象时，就会渐渐忘记对自我的厌恶。"我到底什么时候才能不生气呢？""这件事是真的值得生气，还是因为我自己怨气太深，我才这么生气？"认真思考这些问题，就有望通过控制愤怒的第一道关卡。

厌恶与自责

厌恶虽然不会像愤怒那样激烈，但也属于危险的情绪。如果与它的距离太近或者长时间保有这种情绪，你就会被低温灼伤。如果用食物来比喻，可以想象一些非常辣的东西，虽然偶尔会嘴馋，但如果经常吃，就会有得胃病的风险。

人生在世，不可避免地会遇到让自己讨厌的人。就连家人甚至是自己的孩子，我们都有不想看见的时候，更何况是其他人，对别人产生厌恶的情绪是难以完全规避的。

如果过度压抑厌恶，就会造成对自己的情绪压迫，从而形成不成熟的防御机制。强迫自己亲切地对待所有人，可能会导致你备受"善良的自卑情结""小大人""孝子情结"等观念的强迫与困扰。

怀着对自己的厌恶和自责生活，也属于不成熟的防御机制。因为害怕被别人责备，所以会通过预先自责的方式进行自我保护。例如，当子女经历痛苦的遭遇时，父母往往一直在旁边自责、哀叹，说"都是因为我们没出息，才会连累你，我应该早点死掉才好"。这样做不仅起不到安慰的作用，这些话反倒会刺激子女的情绪，让他们产生"我难道表现出怪罪妈妈了吗？"的混乱思绪中。对自己的攻击也是具有攻击性的，这种情绪会传染，父母的自责感传染给子女的概率很高。

同情与自怜

同情是对别人的怜悯。与愤怒和厌恶不同，同情包含着希望提供帮助的意愿。在我们从小接受的教育中，"同情"是个褒义词，然而，每种情绪都不可能永远只展现它正面的力量。

当你同情的对象还没有做好接受的准备时，常常会诱发矛盾的产生。因为有些人希望能够大大方方、堂堂正正地活着，希望成为他人羡慕的对象。即使生活有些不顺利，他们也拒绝别人的帮助。

对他们而言，装作没看到后离开是对他们自尊心的保护。如果你此时对他们表示同情，就可能会给对方造成伤害。

另外，对自己的可怜和同情叫作"自怜"。这个词语通常被当作贬义词使用。这些自怜的人认为自己是可怜的，总是承受着他人带来的伤害，严重的甚至有被害妄想症的倾向。在他们眼中，自己是错误家庭教育的被害者、应试教育的受害人、集体生活的被害人、不合理婚姻的牺牲品……

沉溺于自怜的人总是希望能获得别人的同情。幸运的是，多亏有这个特性，他们更容易与人亲近，并获得一定的帮助。但是，他们也因此很难摆脱自怜情绪的束缚。例如：父母因为同情子女，迟迟不肯让他们独立生活；夫妻或恋人之间因为"人生艰难，只能同行"的想法而勉强在一起。

因此，分别扮演"同情心—自怜"角色的情侣，在增进关系方面会有很大的局限性。无论他人在身边给予多大的帮助，自怜的人都无法摆脱自我怜悯的状态，最终还会导致对彼此情绪的伤害。自相矛盾的是，那些陷入自怜的人会因为对方施予的同情和温暖的记忆，更加害怕从自怜中走出来。

好感、自恋与关心

"有好感"意味着感兴趣，大脑天生喜欢集中精力和渴望追求。当人们为了"喜欢"和"讨厌"争论不休时，其实大脑真正想要的是专注与关心。

换句话说，爱是发现大脑专注对象的过程。虽然与"爱"相比，好感是较弱的心理反应，但如果你对某人产生好感，就会好奇他住在哪里，在想些什么。爱，总是始于好感与关心，爱的降温也会从关心消失开始。发现伴侣出轨时的背叛感，也是因为我们知道他们对其他人开始"专注"了。

　　自恋意味着对自己有好感。自恋的人对自己喜欢的、向往的东西充满了兴趣。当这种关心过度时，就会产生自恋主义的倾向，他们只专注于"自己喜欢的东西"，对自己充满了自私的爱。

	爱	喜欢
内心表现	爱	好感
大脑作用	关注	关心
行动的例子	一整天都想着对方	好奇他住在哪里，喜欢做什么

　　如果喜欢可以喜欢的人，对有好感的人表达关心，那人生就算得上随心所愿了。然而在现实生活中，总会有些不尽如人意的地方。喜欢上不应该喜欢的人，最具代表性的就是不伦。从字面意思就能明白，这个词是指脱离正常轨道、违背伦理道德的情感关系。这种时候，收回"喜欢"的感情是最明智的选择。

　　然而，情绪往往不能随心所欲。这时就需要努力减少关心，尽量远离对方，不要见面。只有大脑的关注度有所下降，感情才会随之消减。

　　相反，如果在应该相爱的关系里总是产生厌恶的情绪，就很令人头痛。有的人虽然知道应该去爱家人、爱伴侣，但很多时候就是不能控制自己的情绪。还有一些人明明知道应该珍惜自己，却总是对自己产生厌恶的情绪。

此时，你需要调整自己的关心和专注。即使很难对自己的伴侣产生爱，也要时刻保持对他们的关心。"吃晚饭了吗？现在在做什么？"如果说一个人关心的总量为100，那你至少应该拿出30给自己的伴侣，这样你们的关系才能有所改善。虽然即使这样做，爱也不会瞬间回来，但比起充斥着厌恶和愤怒，努力关注后的关系会更加舒适、平和。

如果总是对自己不满，也需要做出同样的努力。比起一次就爱上自己，循序渐进地改变更为明智。"我的想法，我喜欢和讨厌的东西，我在什么时候会感到不安或幸福，我想得到什么礼物"，从一点一滴开始培养对自己的关心。

走出自卑，从今天开始

开始关心自己

自尊感弱的人往往一直在谈论别人，在意对方的视线，关心对方的想法。久而久之，他们就会对真正应该关心的自己失去兴趣。

如果想改变这一现状，你需要重拾对自己的兴趣。可以用自传的形式记录生活，一一对照，检查自己的状态。你应该比任何人都了解自己。

例：

•我的出生地

- 我的家人

- 我的家庭关系

- 我的学生时代

- 我目前的生活

- 让我开心、难过的事情

- 喜欢的人和他们的特点

- 我的优点与缺点

- 梦想（或以前做过的梦）

- 我向往的样子

5

控制冷淡的情绪：失望、无视、冷笑、冷漠

　　每个人都有自己喜欢或者难以忍受的情绪，根据职业或其他情况的不同，有些情绪是你需要的，而有一些则没什么必要。例如，医生是"冷静、睿智"的，艺术家是"热情"的，各个职业的人都有自己的情绪标签。当医生治疗病人时，太过激动或热情都是不行的。面对疾病，医生如果偏重自己的感情，难免就会发生失误。

　　世界上超过平均（虽然平均的标准也有些模糊）水平以上的人性格都比较冷淡。比起热情，冷淡的情绪虽然容易给人消极的感觉，但也有它们存在的必要性。世界上的情绪并无正确和错误之分，只是当情绪太过强烈时，你需要做好防御措施。

冷淡情绪的种类

　　对于那些动辄一脸冷漠的人来说，他们有充分的理由冷漠，也会因此得到一些收获。但是，如果性格过于冷淡，我们就会像感冒或冻伤一样感到不适。我们应该学会如何防止情绪过分冷淡，保证情绪得以自然流露。

	对他人冷淡	对自己冷淡
外露的表现	失望 无视	悲伤，沮丧 悲观
内在的情绪	冷笑 冷漠	无动于衷 无力

曾经有段时间，我努力想变得冷淡一点。青春期开始后，我突然顿悟："我的问题在于太过多情，从现在开始，我要做一个冷酷的人。"那个时候的我，认为心慈手软是自己的一大短板。此后的 20 年，虽然我的决心并没有太大的变化，但在我看来，自己仍然是一个容易动摇、喜欢流泪、容易脸红的人。

然而，不知从何时起，我开始听到有人评价我冷淡。有些人会因为我的毒舌而哭泣，也有些人则认为我很难接触。从那时起，我开始看着镜子练习微笑。为了看起来平易近人一些，我甚至养成了经常读诗的习惯。结果却不尽如人意，呆滞的表情、冷漠的语气早已在不知不觉间成为我性格的一部分。

当初到底为什么要那样做呢？经常流泪有什么不好？多愁善感又有什么错呢？那些为了变得冷静而付出的努力，令我后悔万分。虽然成功变"冷"了，但我清楚地知道当初的判断是错误的。

当然，生活中也有需要冷淡应对的时候。冷淡本身不是坏情绪，但过度冷淡就会产生问题。经常冷漠的人会拥有以下核心情绪，认真研究一下你属于哪一种吧。

失望与悲伤、沮丧

失望意味着曾经有期望。我们以为会有好吃的食物、以为自己会被爱护，结果却发现并不像自己想象的那样，或者我们以为迎来的是温水，结果却是一盆冷水浇下来……遭遇这些情形时，我们就会感到失望。换句话说，失望是一种没有达到期望值而产生的情绪。有些人会经常性地感到失望，这与他们拥有多少、享受多少无关，他们仿佛做好了对一切感到失望的准备。失望的方式很简单，把期望值设定得比其他人高很多，或者预想自己总有一天会失望。即使发生了好的事情，一句"不过是幸运一点罢了"也会让你随时感到失望。

还有一些人会主动拥有失望：和那些动机不良的人不同，也有很多人是为了好的目的而刻意让自己感到失望。他们的心理很相似，都是为了将来少受失望的折磨，于是从现在开始就制造一些小的失望让自己体验。比如：恋人之间为了应对爱情的降温，会首先表现出令人失望的一面；面对出色完成重要项目的后辈，上司没有给予称赞，反倒是提醒他们需要担心的情况。就像后一种情况，上司害怕后辈陷入成就感后，当结果不尽如人意时，他们将会更失望，于是提前给他们泼一些冷水降降温。

伴随着失望的反复出现，悲伤也会随之袭来。因为失望已经占据了内心的主要位置，此时如果想从悲伤中走出来，方法很简单，只要按照与失望的理由相反的事情去做就可以了——降低期待值或者不要考虑未来。

如果长期处于悲伤之中，就会变得沮丧，无精打采，丧失欲望，能量殆尽。实际上，真正能接受抑郁情绪的人并不多，虽然这也可能是我作为精神病医生的一种错觉。很多人会在我面前说："我没有抑郁！"也许这是因为他们害怕一旦提到抑郁，就会被刻上"抑郁症"的烙印。

无视与悲观

"无视"一词有两个含义："评价低"和"忽视后果"。"评价低"主要产生于贬低、蔑视对方的时候。准确地说，"被无视"的表达比起情绪，更接近于一种想法。但是，很多人会因"被无视"而情绪爆发，因此我认为将"被无视"或者"被看不起"的心情归结为情绪更加合适。无论对谁而言，被无视的感觉都是极具攻击性的。至于另一种含义"忽视后果"，作为"不关心"的表现，属于冷淡情绪的一种。

无论是哪种含义，当人们"被忽视"的时候，都会感到极大的不幸，自尊也会被大幅削弱。你会理所当然地贬低自己，忽视自我感受，不尊重自己。这种状态如果持续下去，会导致负面情绪的蔓延，你会对与自己相关的一切都感到悲观。最终，这种低估所有价值的心态会让你消极地看待整个世界。

冷笑与无动于衷

也许是因为时代的变化，如今习惯冷笑的人越来越多了。这些人的特点是，通常状况下都面无表情，满脸写着"我就知道会这样"

的冷漠。那么，冷笑到底是好的情绪还是坏的情绪呢？

我去服兵役的时候，年纪已经不算小了。小队长说过的一番话让我至今记忆犹新："旁边的人也许会做一些让你生气的事情，你就一笑置之吧。"当时对军队集体生活还很迷惘的我，决定听从经验丰富的小队长的建议。训练过程中，每当遇到生气的情况，我都会一笑了之。被助教们训斥时，擦盘子时，洗澡突然停水时，我都咬紧牙关一笑而过。那可真是如假包换的"苦笑"，效果比我想象的要好很多。这些原本不怎么情愿的微笑，反而起到了给情绪降温的作用。

在我看来，当时的"苦笑"其实就是冷笑的一种。虽然看起来很冷漠，但并不具有攻击性。这种情绪不会主动伤害别人，是一种可以有效调节心情的情绪。当然，如果长时间保持这种状态，也会产生问题，可能会演变为不喜不悲的状态。那些经常冷笑、"一脸冷酷"的人常常被"无动于衷"的后遗症所困扰。不会很生气，也不去埋怨别人，虽然没什么压力，但同样也没有太多感到幸福的事情。大脑本喜欢集中精力，而此时因为情绪的冷淡，原本的"集中"会渐渐消散，最终只留下无动于衷的空虚感。因此，习惯性冷笑的人需要通过培养业余爱好或者投入恋爱来为自己的心"保温"。

冷漠与无力

冷漠是所有情绪中最沉重、最冰冷的。如果想有所感受，至少应该将注意力集中于一点，而在"冷漠"的状态下，连最基础的"关心"也会消失殆尽。

我曾经经常从亲近的人那里听到这样的忠告："别人的事儿就当没看到，别瞎操心。"当时，我正是爱多管闲事、情绪敏感的时候。然而不知从何时起，我也开始变得擅长"冷漠"了。虽然仍旧细心、敏感，但如果哪天下定决心要冷漠应对，我也能及时收回自己的关注。这种感觉比想象中好很多。即使出现了我讨厌或厌恶的人，我也不会太过在意。那么，我到底是怎样做到停止关心的呢？

　　变化的根本在于"want"（想要），当我意识到自己"不想再关心那件事"时，就会把这句话反复告诉自己，不断地在脑海中重复这个想法："我想要的并不是厌恶或复仇，我只是想停止对这件事的关心。"大脑会指示我的眼睛不要去看，离那个人远一些。如果必须待在那个人身边，我就转过头不去理会。如果还残留一点关心，那就试着读读小说吧。当你沉迷于小说情节时，就会忘记自己讨厌的人和事，这就是我开发的冷漠秘诀。

　　不过，还是有很多人虽然想切断自己的关心，但同时又很害怕冷漠的状态。他们害怕如果长期减少关心，给情绪降温，会不会陷入无力（no volition，意欲全无）的状态之中。这就如同那些被高烧折磨的人，反倒担心"吃降温药后，体温过低怎么办"。其实，在我们的大脑中，有保持恒温的控制装置。当热烈的感情得到控制时，不会因为一点"冷漠"的加入而变成无力的状态。

走出自卑，从今天开始

寻找影响情绪温度的行为

∨

到目前为止，我们已经根据温度对情绪进行了分类。合理地调节情绪，意味着你需要了解如何正确地混合情绪。当你感到极度气愤时，可以增加一些冷淡的情绪；当你感到无力或嘲讽时，加入一些温暖的情绪可以让你重新体会新的活力。

就我自己而言，读小说时也会根据心情的温度来选择合适的作品，以求达到身心的平衡。一些作家的文章会给人带来活力与能量，另一些作家的作品能帮助读者找回冷静的状态。在遭遇各种不顺的那段时光，我一直在看美国情景喜剧《老友记》。看这部剧的时候，我从来没有不开心过。

每个人都有自己调节情绪温度的办法，见朋友、看电视、玩游戏、购物等，我们的无意之举很有可能就与情绪的温度产生了关联。一旦我们掌握了什么样的行为能使情绪的温度升高，什么样的行为会降低情绪的温度，那么控制情绪就容易多了。

例：

让我情绪高涨的行为：看电影、电视剧，搜索心仪明星的最新消息，跑步，活动身体。

让我情绪冷却的行为：深呼吸，睡觉，做普拉提，想念旧爱，回忆失败的经历。

Part 4　结束语

学会利用情绪的能量

　　许多人认为情绪是属于自己的，但实际上，情绪并不是所属物，而是我们可以利用的能量。回想一下在马路上骑自行车的感觉，根据途中自己情绪的不同，蹬车的速度也会有所调整。生气或焦虑的时候，骑得快一点，被冷嘲热讽的时候，就放慢速度，舒缓一下心情。当然，自行车不是只靠速度就能前进的，对车把手方向的掌控也很重要。这个判断是靠理性做出的。为了控制好速度，一定要抓好刹车闸。但这并不意味着要一味地限速，遇到上坡要提速，下坡的时候则需要减速。情绪虽然很重要，但也不是我们做事情的决定性因素。我们应当了解自己的情绪，并学会如何恰当地应对。

Part 5

想恢复自尊，需要改掉
这些心理习惯

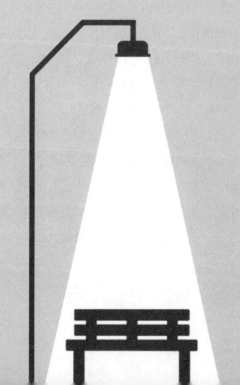

1

习惯性预设失败

    曾经看过一场国家队的足球赛，比赛刚开始的时候，韩国队赢得了点球机会，却没有成功罚进。我认为我方的球员并没有犯错，只是对方的守门员表现得太出色了，有一些人却忍不住骚乱起来。

    一位在酒吧看球的朋友开始了吐槽："输了，肯定输了。还有啥好看的？连点球都能罚丢，肯定会输呀！"后来，当对方先发制人踢进一球时，他又大声嚷嚷道："点球踢飞，还先失一球，主力防守队员负伤，这肯定要输啊！估计要踢出个0∶3、0∶5了吧！"话音刚落，他就拿起酒杯，把杯中的酒一饮而尽。

    后来仔细一想，这位朋友曾经也有过类似的经历。一旦发生不好的事情，他就自己先咋咋呼呼地"吆喝"起来了。不过，在他身边倒也不会无聊，甚至还会有点可怜他。为什么会可怜他呢？就拿足球赛当天举例吧，在比赛后半段，韩国队先是追平了比分，又踢进一球逆转了比分。正当大家欢呼雀跃的时候，那位朋友已经醉倒在梦乡里了。

如何不被挫折击垮

生活中，我们经常会用到"完蛋"这个词。考试考砸了，和恋人分手了，都可以用"完蛋"来形容。虽说挫折会令人成长，但最近，对大家来说，"完蛋"的事儿实在太多了。

现代社会和过去相比，能使人崩溃的事情有很多。信息化、产业化的社会比起农耕社会，存在着太多压力。老人家常常念叨，现在的年轻人内心太脆弱，我的想法却不一样，我认为文明是沿着压力增长的方向发展的。

最明显的证据就是各类考试，高考、就业、晋升、创业等交织而成的复杂社会，对我们提出了更多认证和资格考试的要求。做生意也是如此，无论你计划干什么，都要获得税务、地方政府、健康保健所、银行等机构的许可。需要操心的事项不止一个，合格与不合格的差异也会明显显示出来。

在我看来，让生活如此紧迫的"罪魁祸首"并不是考试，而是我们对爱的渴望。在成长过程中，我们需要获得的爱主要来自父母，其重要性在当今社会已被普遍认可。然而，在儒教文化氛围浓厚的家庭中成长起来的大多数人，都觉得自己没得到父母充分的关爱。另外，父母因不能长时间陪伴孩子，不能给予孩子更好的物质生活而常常陷入自责之中。充满讽刺意味的是，很多父母辛苦赚钱把子女送去海外留学，而那些远离家人独自在国外生活的子女往往会感到爱的缺失。

许多人担心，甚至臆断自己得了"缺爱症"。他们认为自己从小都没有得到过爱，人际关系一定会有问题。当他们和别人发生争执时，内心就会笃定自己过分敏感，不会处理人际关系。

习惯绝望的人，抗压能力也会减弱。当遭遇无法再相见的离别，或者面对考试的时候，人们往往会失去自信。他们的注意力容易分散，还总会心跳加速，总是抱着消极的想法认为自己无法被爱，也注定过不上安稳的日子。他们把缺乏自信心同人生失败画上了等号。

因此，我们很容易对考试或人际关系产生不安和挫折感。当然，也有一些人幸运地避开了伤害。即便生活中还是有很多助燃挫败感的因素，但是只要不点燃"不满"这根火柴，仿佛就可以平安度过。

助燃挫败感的灾难性反应

当今社会，关于挫折的素材实在是太多了，这里所说的"灾难性反应"是指人们一旦遭遇挫折，就备感挫败，甚至陷入绝望。

换句话说，灾难性反应就是坚信自己会完蛋。哪怕只受到了一丁点儿刺激，都会联想到死亡、破产、败落这样悲观的情况。脑海中充斥着"事情不会再有转机"的想法，理性也处于麻痹状态。例如，马上要参加面试的人大部分都很紧张，一般人会用"我有点紧张，试试深呼吸"的想法来调节情绪，有些人在经历暂时的彷徨之后还能找回平稳的心态，还有一些人会以持续紧张的状态直到面试结束。

但是，当你表现出灾难性反应时，问题就严重了。心跳加速的你开始意识到"我要完蛋了"，各种消极的情绪在心中交织，甚至还会联想到"恋人会离我而去，父母去世以后，一个人孤独终老"的场景。

当紧张和压力遇到"灾难性反应"时，无论是谁，都难以抵挡，大部分人最终会选择放弃。即使在之前的考试中表现得还可以，但当面试官看到你一脸"视死如归"的表情时，也不会给出好的评价。也许你会认为是因为面试失利才会遭遇挫折，其实正是因为你提前给自己制造了挫折感，才会导致面试失利。

看到自己灾难的尽头

灾难性反应与过敏相似。有些人对花粉、房屋灰尘或坚果没有特别的反应，而另一些人则会有流鼻涕、荨麻疹，甚至呼吸不畅的症状。你需要弄清楚自己对什么物质有过敏反应，然后采取措施规避过敏物质或服用药物来应对。

同样，面对自己的灾难性反应，也要弄清楚自己恐惧的根源是什么。普通人想搞明白这些并不容易，而医生会用同样的方法做很多次试验。咨询的患者因为担心结果，会不断地问医生："您认为接下来会怎么样呢？"几番追问后，患者就能知道自己"恐惧的根源"是什么了。

曾经有一位男士来咨询，他坦言自己总是感受到死亡般的恐惧。几个小时前，他收到了客户付款可能会延迟的电话。虽然这样的事情在平时也会偶尔发生，但唯独那天他产生了灾难性反应，极度的不安把他彻底吞噬了。

"所以，接下来怎么办呢？"
"可能无法支付银行的利息了。"

"那接下来呢？"

"其他客户的结算也会晚一些，那么我将继续无法支付利息。"

"然后呢？"

"最后，我会破产，债主们也会找上门来。"

"然后会发生什么呢？"

"我的家庭也许会支离破碎，虽然可能不会这么严重，但家人们应该会怪我吧。"

"接下来呢？"

"呃……我会变成孤身一人。"

"然后呢？"

"呃……一个人孤独地死去。"

谈到这里时，他的心情看起来平和了很多，因为他意识到自己的不安和眼前的现实并没有太大的关系。

大部分挫败感都是这样产生的，问题其实并不在于眼前面临的情况，而是源于你对未来可能发生状况的提前担心。当你真的弄清楚自己在担忧什么时，问题也就迎刃而解了。方法就是将茫然、模糊的不安感转化为对具体现实的不安：如果是可以解决的问题，就去考虑对策；如果是不能解决的问题，你就可以果断地选择放弃。

四大恐惧：死亡、破产、离别、失去魅力

人们最害怕的事情大体可以分为四类。

第一，害怕因为身体的某些问题去世。患有恐慌障碍或健康焦

虑的人，在身处某些情况时，会心跳加速、呼吸急促，脑海中产生灾难性反应。哪怕只是路上堵车，也会臆想自己被困在隧道或山间突然死亡的场景，充满不安与焦虑。

第二，对破产的恐惧。哪怕只是一次考试失利，也会联想到自己可能会一直失败下去。就算只是在公司被上司责怪了一次，也会提前预想自己晋升失败，甚至被炒鱿鱼的场景。可能会假想自己成为失业者或破产的场景，激化挫败感。

第三，害怕离别。与恋人分手或和朋友吵架之后，会怀疑自己的性格，担心在未来的社交生活中也会遭遇困境，最后断定自己会孤独一生。

第四，担心自己会失去魅力。哪怕只是长了一根白头发，或一个痘痘、一道皱纹，也会引发挫败感，担心自己不再年轻，从此失去美丽的容颜。

如果现在的你正感到沮丧，那你需要问问自己"我真正害怕的是什么"。如果与恋人分手后感到沮丧，那就问问自己分手后该怎么办；如果担心自己会生病，那就想想生病后会发生什么，问问自己应该如何面对。

走出自卑，从今天开始

聊一聊"我原来害怕的是（　）啊"

一开始需要经历的过程是"接受"。首先，我们必须先接受"我"因为"提前感受挫败的习惯"而备受煎熬。然后，还要接受那些真正令我们害怕的东西。

从现在开始，考虑一下自己真正恐惧的事情是什么。如果你是一名复读生，你可能会担心自己永远无法摆脱复读生的身份。按照前面的方法，问问自己："接下来会怎么样呢？"如果明年也落榜，后年还是落榜，父母可能会失望，朋友们也会离我而去……不断重复地问自己："接下来会怎么样？"

最终，你会明白自己到底在害怕什么，大声说出来："我最害怕的是独自一人死去！""我最害怕的是身无分文！""我最害怕的是失去魅力！""我最害怕的是老去！"用这样的方式，把恐惧说出来。

接下来，就可以对这些"灾难"采取相应的对策了。为了维持魅力，要付出更多努力，需要去赚更多的钱，要注意日常养生……去寻找那些造成恐慌的原因，并想办法克服。如果最终还是找不到对策，那就只好承认"没办法"，然后断掉与其相关的念头。

举一个之前聊过的例子，那位对足球比赛的结果提前失望的朋友，他最担心的其实是"对胜利的期待落空"，因此他是个不会对事物抱有期望的人。虽然记忆中，他是个不错的朋友，但失去联系也有一段时间了。我还是相信，哪怕将来会面临失望，最初的时候还是应该抱有一些希望。

2

无　力

　　"无力"有多种表现形式，懒惰、没有欲望、什么都不想做、缺乏意志等等。无力也会成为自我批评的主要问题，这可能是因为我们身处的农耕文化中更强调诚实、勤勉的重要性。在成为 IT 强国后，如今的韩国人还是很忌讳"无力"一词。

　　然而，无力其实并不是一个简单的问题。产生这种症状的原因有很多，抑郁症、戒毒反应、激素的功能下降导致欲望不足都可能产生无力的症状。如果无力的状态持续了两周以上，需要先去医院内科做检查。不要强迫自己硬挺着或是一味地责备自己的无力状态，因为这很可能是身体疾病的征兆。

　　我们在这里要探讨的是排除身体疾病原因以外的无力，让我们来了解一下心理学上的无力要如何去解决。

欲望是"胡萝卜"，恢复是"橡皮筋"

　　促使人类行动的两个因素是"胡萝卜"和"棒子"。让我们产生欲望的原因是胡萝卜，虽然躲避棒子捶打也是一种支撑我们活下去的方法，但未免有些苛刻和残忍。"偶尔的微笑"和"缓解疲劳的胡萝卜"等所谓的"积极奖励"，可以减少一些生活的疲惫。对父母而言，孩子们在卡片上一笔一画写下的"爸爸妈妈，我爱你们"就是胡萝卜；对上班族而言，每个周末的外出旅行就是胡萝卜。

积极奖励如同燃料，当你疲倦、丧失意欲的时候，会为你带来新的动力。当你通过努力学习，使成绩有所提高时，你会充满期望。这时，哪怕只是一句称赞的话，也会让你有继续勤奋学习的动力。

然而，如果结果不尽如人意，就会令人感到失望和沮丧。尽管也拼命努力学习了，但如果成绩没有提高或听到别人消极的评价，学生就会丧失继续努力的欲望。成年人也一样，熬了通宵写好的提案，却遭到组长的冷眼相待，当然会感到丧气和无力。给婆婆买了礼物，却没有得到满意的反馈，也会令人垂头丧气，不自觉地产生"再也不会给她买礼物了"的想法。那些长期反目的夫妻，很难看到关系恢复的希望。他们没有进行夫妻关系咨询的欲望，哪怕是接受咨询了，也常常会抱怨："做这些有什么用呢？医生，您说的我们都试过了，反正我们的关系是不会再有改善了。"

当然，他们并不是从一开始就失去希望的。虽然每个人的程度不同，但当人们遭遇挫折时，都会产生橡皮筋一样"回到过去"的欲望，这就是复原力。即便感到沮丧，人们还是会保有韧性，拥有橡皮筋一样恢复最初状态的动力。但是，如果令人失望的事情不断出现，积累到一定程度后，就会像被彻底拉长的橡皮筋一样失去弹力，在某个位置停下来。

习惯无力的过程

很少有人是经历一次失败就陷入无力状态的，大部分人身上都会有"傲气"和"韧劲"。然而，如果一直经历失败，直到超出忍耐的极限，在承受了过多的伤害之后，就会陷入无力的状态之中。

期待的结果一直没有出现或者渐渐习惯了失败的体验，这种现象被称为"习惯无力"。如果那些为了取得好成绩而熬夜努力的学生，经历考试落榜后，上网课、上补习班都没有提高成绩，他们就会认定考试失败是个必然的结果。他们认为即使努力学习也不会有好的结果，于是在每次考试前都会对自己的成绩有悲观的预测。

在运动比赛中，我们也会看到一些战斗力不错却接连失败的队伍。教练最担心的就是连败，因为连续的失败会让所有选手习惯于无力的状态。他们会产生"我们是输家，我是败者，我的队友也是失败者"的想法，接连的失败会让他们丧失战斗的欲望，也会导致训练的疏忽。比赛还未开始之前，他们已经从心底认定了自己的失败。意欲的丧失，会驱使身体向失败的一方移动，因此，不断累积的失败经验会让我们对无力感更加习以为常，很难脱身。

容易陷入无力的三种情形

无力原因 1：面对负向激励时

那些失去欲望陷入无力的人并不是一直处于失败之中的。在周遭羡慕的目光中走进名牌大学大门的学生们，通过激烈竞争进入名企的毕业生们，还有公司内有能力的主管们，他们也会突然丧失自信。不久前还像工作狂一样努力工作的人，也会突然深受打击，陷入无力的状态。

陷入无力的原因中，最具代表性的就是激励问题。激励大体可以分为正向激励和负向激励两种类型。晋升、涨工资、周围人的称赞和关心、成就感都是正向激励。相反，失败、考试不合格、不被关心、周围人的冷漠都是负向激励。无论受到了多少正向激励，一旦感受到了更大的负向激励，就会让人丧失欲望。这种情况主要发生在人到中年时期，当他们感受到生命转瞬即逝的虚无后，就会认定自己所取得的一切都毫无意义。

原本生活顺风顺水的人一旦丧失欲望，就很容易受负面情绪的影响。

例如，你原本拥有一份可以供养全家人的稳定工作，过着幸福的生活，突然有一天，你的身体出现异常或发生了家庭纠纷。"我一直以来的辛苦竟然换来了这样的结果"，产生如此想法的你，必然会丧失所有的欲望，瞬间陷入无力的状态。

无力原因 2：衰竭综合征

还有一些人的意欲丧失源于我们常说的"消耗殆尽"，也被称作"衰竭综合征"。这种情况和正向激励、负向激励没有太大关系，因此在别人眼中，这些人好像并没有什么疲惫的理由。

这种情况大多是体力出了问题。精神上无论获得了多少正向激励，如果为了持续获得激励而勉强自己，那么 3~7 年一定会消耗尽自己的体力。

这时，最好的办法就是休息，放松身心，调养一下身体。如果还不够的话，可以选择去休假。无论再怎么努力，周末都一定要休息。只有让身体获得必要的营养补充，吃好、睡好，调节好自己的生活，才能走出无力的状态。

比普通人更容易患上衰竭综合征的人，最好针对自己检查两件事情。一件事情是身体的健康状态。如果健康出现问题，特别是甲状腺方面有了疾病，通常是欲望的起伏所造成的，需要在医院进行简单的血液检查和超声波检查。另一件事情是思考一下自己是不是睡眠不足。如果一个意欲高涨的人三天以上不睡觉，肯定会患上衰竭综合征。

无力原因 3：经常不安的人

另外一个就是心态问题了。经常性不安的人，能量会很快消失殆尽。他们总是考虑最差的情况，脑海中充斥着负面的想法，精神能量被不断地消磨。到 30 岁为止，这种不安还能靠年轻挺下去，一旦步入中年，身体就会跟不上节奏。这种情况需要尽快接受咨询，或通过服用药物来改变不安的习惯。

加深无力感的固有观念

当人们突然感到动力不足时，会原地停下来寻找理由：我为什么会这样？是因为童年的伤口没有愈合？因为这不是我真正想要的生活？我的性格有问题？因为我没有学习的榜样？各种想法交织在脑海里，纷繁不断。

意欲下降的人，大脑都很忙碌，尤其此时右脑会更加活跃。右脑常常会思考一些深奥的、本质性的问题，考虑原因而非结果，思考内在而非外表。因此，哲学家和发现宇宙奥秘的天文学家们通常右脑都很发达。

然而，这种深层次的思考也容易形成一些固有观念。深思熟虑原本不存在问题，但如果因此激化了无力感，就会产生不好的影响。下面这些固有观念就会加深无力感。

首先，只有消除导致意志消沉的原因，才能再次振作起来。情绪低落、乏力消沉的样子，就像滚动的足球撞到了墙壁。球停下来当然是因为受到了墙的阻挡，但这并不意味着只要拆掉墙，球才可以再次滚动。

其次，只有有了乐趣，才会产生动力。乐趣主要产生于学习或第一次尝试的过程中，当一件事情不断地重复到了熟练的程度，乐趣就会随之消失。不过，也有一些人几十年如一日地从事同样的工作却还能保持积极的心态，因为他们工作的动力并不源于乐趣，即使是从事不喜欢的工作，他们也可以充满热情。通过不断重复，他们取得了不错的成绩。这种源于熟练的惬意感也能催化欲望的产生。

最后，只有充满欲望才能行动起来。其实，无论有没有欲望，都可以付之行动，欲望也可能在行动的过程中被激发出来。就像汽车如果在启动时遇到了问题，可以采取先从后面推车的方法。当车轮向前滚动之后，汽车也许就会启动起来。

最警惕和担心无力感的是运动员，为了阻止无力感的产生，体育馆和运动用品公司会经常使用一些口号。例如，某家拳击馆外悬挂着"不要哭，不要抱怨，做就好了"的标语牌。耐克的广告语是"Just do it"（做就好了）。

可见，采取行动的时候，并不一定要"欲望为先"。

先"盲目"地行动起来

法国一位精神病医生克里斯托弗·安德烈（Christophe Andre）曾经说过："不采取行动是自尊心不强者的代表行为，他们总是在思考'怎样做会导致怎样的结果'。"自尊心不强者会不断地加深自己的消极倾向，抱着"幸好我什么都没做"的念头，总是选择逃避。

不作为与消极态度、逃避倾向会组成一个互相激化的恶性循环。这种组合会彼此产生不良的影响，形成"恶性闭环"。

这种说法可信度很高，对很多人而言：只有当消极态度和逃避倾向消失后，才能再次振作起来；只有确定是过去的哪些经验导致产生了消极态度和逃避倾向，才能推进现实的改变。

暂时什么都不做也没有关系，现在不想去上班也不算什么严重的问题，赚钱的欲望也并不是生活的必需品。如果考虑太多，反而会让大脑感到疲倦，不健康的大脑更容易制造出消极的情绪。

如果想摆脱无力的状态，首先应该行动起来。即使不愿意、没兴趣、感到没有意义，也要先去做。你需要向外面的世界迈出一步，哪怕只是一小步。如果还是做不到，那就从热身开始吧。

如果你犹豫要不要结婚，那就从恋爱开始；如果你犹豫要不要恋爱，那就从约会开始。如果还是有所顾忌，那就和朋友去看场电影吧。如果你在犹豫要不要开始跑马拉松，不如先从在小区跑一圈开始尝试。在预测某项行动产生的结果之前，应该先从自己熟悉的、与其类似的行为开始。

如果想重燃希望，首先要停止纷繁的思绪。当然，一开始也许是行不通的。这个时候，就先从"盲目"的行动开始吧。活动一下头部，伸一伸手臂。不要期待欲望在某个地方会自己突然冒出来。

走出自卑，从今天开始

拉伸

∨

我们每天都要睡觉，那个阶段可以看作"什么都不想做"的状态。虽然一到夜晚，欲望就消失了，但早上醒来，欲望和动力又会重新活跃起来。

我们一开始调整时，不需要"搞出什么大事情"，也不需要马上获得什么了不起的收获。先从改变姿势做起，转转脖子，弯弯腰，拉伸一下身体，心情就会有明显的改善。经常去做一些不需要思考的小动作吧，比如现在合上书出去散步也是个不错的选择。

3

自　卑

最近，经常出现在互联网上的"自爆"一词是"自卑感爆棚"的缩写，常被用来形容"超级自卑"的人。大多数情况下，这是个贬义词，一旦情绪激动，就会遭到别人"看你这个自爆狂"的嘲讽。

每个人都会自卑

自卑感爆发是一种强烈的情绪，如果想刺激对方，就要用他无法得到的东西来激起他的自卑感。也许我们每个人在心底都藏了一颗自卑炸弹，把下属的小玩笑放在心里的上司，著名演员却羞于在人前展示自己……这些外表光鲜的人竟然也在心底隐藏着自卑感。那些在社会上获得巨大成功，时刻吸引着羡慕目光的人，他们中也有人饱受自卑感的折磨。

自卑是一种情绪，并不只包含负面的含义。如果能做到承认自己的不足，并为了弥补缺陷去努力，那自卑感就可以转化为一种积极的能量。但是，如果一个人总是怀着"我这个人本身就很差劲"

的想法，那他当然不可能拥有健康的自尊，也不可能获得幸福。

其实，你并不是真的低人一等，只是常常抱有这样偏激的误解。比如，有的学生会因为自己"个子矮，可能被无视"常常陷入不安。然而在别人眼中，他其实是个可爱又充满魅力的人。一边对自己充满误解，一边满怀羞愧地掩饰自己的优点，还有比这个更奇怪的事情吗？

自卑感滋生的三大想法

情绪往往与想法一一对应。比如：当你被利用时，会感到委屈；当你被欺骗时，会充满被背叛感。下面介绍三个与自卑感相关的想法。

第一，认为自己有不足之处。每个人当然都有不足的地方，承认短板会使自己变得谦逊，舍得放弃也会让心情更加平和。但是，如果再加上另外两种"没有用的"想法，自卑感的负面意义就会暴露无遗。

第二，也是第一个没有用的想法——认为自己欠缺的东西别人都拥有。通常，这种想法被叫作"自惭形秽"。"我没有"和"只有我没有"的概念是不同的。如果被自惭形秽的想法捆绑，就无法正确地看待其他人，总是抱怨自己输在了起跑线上。

第三，第二个没用的想法，也是与前文类似的理由——感觉自己承受了莫大的伤害。这和遭受心理创伤的情绪很相似，例如，有些人认为找不到工作的原因都在自己身上，可能是在单亲家庭长大的原因，或者因外貌缺陷被差别对待……这样的被害意识往往也会包含对他人的攻击性。

混合了这三种想法的自卑感就是如此复杂的情绪，欠缺感、自惭形秽和被害意识纠缠在一起，形成了自卑感这个膨胀的气球。如果用手按压，它坚持不了多久就会爆炸。

曾经的"全知全能"

人们常说，"六岁的孩子最可恶"，可见这个年纪的孩子都不太听父母的话，他们固执地认为大人能做的事情自己也可以做。与"自卑感"相反，这些孩子认为自己拥有"万能"力量。处于这一阶段的孩子会过分夸大和相信自己的能力，然而对父母来说，这也是最辛苦却也很普遍的一个育儿时间段。

人们通常把5~7岁称作"全知全能时期"，这个时期的孩子不仅将自己和成年人同等看待，甚至认为自己拥有超能力。他们身披斗篷，模仿超人；他们自信地认为"全世界唱歌，我最棒"；他们自带"王子病（公主病）"，捉迷藏的时候也无视小伙伴的建议，要大家都"臣服"于自己；每个人都想扮演队长的角色，还会经常为此吵闹。这些都是这个时期孩子的特点。

这个时期的父母会焦虑不安，他们担心自以为是的孩子将来遇到现实中的挫折会深受打击。父母想让孩子明白"世界不像你想象的那么平庸"，他们认为像打预防针一样，提前让孩子们感受挫折会更好。

然而，贸然打压"全知全能"的自我意识，可能会对孩子们造成巨大的伤害。在认识到自我极限的同时，强烈的失望感也会随之而来。今后，每当他们感到限制的时候，就会产生强烈的情绪反应。

抱有"全知全能"幻想的时期，是人们最早有感知、有回忆的童年时代，这些记忆可能会伴随人们一生。你会记得那个时候吃过的美味，会怀念那个时候的快乐。同样，如果"全知全能"的幻想被打压，受到的打击和伤害也不会轻易消散。"刺猬都夸自己娃光，为什么你们对我这么冷漠呢？"对父母的怨恨、内心受到的伤害会伴随孩子一生，他们甚至会不断地压抑自己，认为自己没有出息，还会认为如果自己有一点点炫耀的行为，就会一辈子被人孤立、排挤。

自卑感可以作为成功的资源？

如前所述，自卑是一种极具爆炸性能量的情绪，偶尔也可以作为一种能量，成为助力成功的资源。

例如，在减肥挑战节目中，有些教练会通过攻击弱点的方式来刺激挑战者。公开贬低外貌，诋毁人格和个性，以这样的形式告诉他们必须做出改变。这些"毒舌"会让参加者狠下决心，如果迎难而上就可以成为有韧劲的人，因沮丧而放弃则会被批评过于软弱。过去，学校的老师也会用这种方法，他们总是刺激学生："你家里没钱，外貌也一般，不好好学习有什么出路？"有位经常在国外武术电影里登场的武术明星讲述了自己和弟子间的故事：前来求学的一位弟子因为实力不足，不仅吃不饱肚子，还会经常受到师父严厉的批评，忍无可忍的他最终一气之下放弃了学习。

在男权意识和强制力被社会接纳的时代，扮演反派的师父最终获得了认可。那位弟子虽然当时很埋怨师父，但当他后来获得成功后，又传出了一些思念恩师、感谢师恩的"美谈"。

然而在当今社会，煽动自卑感是很危险的，现在更加强调的是爱、鼓励与支持。如果盲目地刺激他人的自卑感，别说助力成功了，稍不注意，就有可能催化情绪的爆炸。无论面对多么严厉、可怕的老师，都会有学生信誓旦旦地说："我就是这样没用的家伙，放弃我吧。"

自尊感弱的人，往往会刺激自卑感的产生。在他们看来，自己意志薄弱，需要别人强有力的引导。当他们去精神科咨询时，也会嘱咐医生："我会按您说的去做，不要问东问西了，给我下指示就好。"他们认为自己什么都不懂，也没有能力，只想按专家说的去做。一些减肥机构和斯巴达式的教育机构为了实现目标，也经常使用这样的方法。但是，这样的做法其实不利于自尊感的恢复。当事人会认为自己没有得到治疗师的尊重，导致自卑感再次爆发。当你认为自己是个没出息的人时，自尊感自然很难提高，也难以获得幸福。

成功人士的自卑

一些所谓的"成功人士"有时也无法摆脱自卑感。就算听到再多的称赞和羡慕，他们也会当作是并不真心的奉承。

他们大多对摆脱自尊感充满抵触，在他们内心深处，自卑感就等同于谦逊。他们认为丢掉自尊感是傲慢的表现，也会引来他人的不满。他们虽然承认自己爆炸性的性格存在问题，但也会担心如果放弃自卑感，就会成为被排挤和诋毁的对象。

那些利用自卑感实现了目标的人也很难从自卑感的束缚中挣脱出来。现在看来无关紧要的事情，如家庭环境、贫穷的童年、缺少关爱的经历，都会是他们纠结的事情。对他们而言，自卑感既是生活的动力，也是鞭策其前进的力量。为了脱离苦难，他们努力学习、拼命赚钱。如今拥有了满意的悠闲生活后，他们也很难抛弃自卑感这位"朋友"，无法改掉贬低自己的习惯。

还有一些人的自卑感有点模棱两可，他们很难做到真正放下。"没有感受过真正的爱""没什么特别擅长的""不能像别人一样安定地生活""我自尊感很弱"……因为各种理由不断地压抑自己。那些他们认为自己缺乏的东西，其实大多数人都不曾拥有。"真正的""特别擅长的""像别人一样安定地""自尊感"……这些没有实际载体的表达被每个人赋予了不同的意义，因此很难去判断自己是否拥有，也不知道如何去争取想要的东西。

当你认为自己存在问题的时候，不妨去研究一下深层的意义。认真想想自己缺乏什么，是否真的缺乏，还需要考虑自己通过自卑感得到了什么。所有习惯的养成都有它的理由，如果到目前为止你都无法放下自卑，那就从它对你的意义开始了解吧。

放下自卑

自卑是一种强烈的情绪，它将不足、自惭形秽、惭愧和被害意识融合在一起，折磨着我们。你会感到心跳加速、涨红了脸，不仅是内在的心情，就连肢体也激动得像燃烧了一般。

20 多岁到 30 多岁的自卑感是很难定义的。它似乎是一种激情，也像是一种能量。许多人为克服自卑感而努力，他们也因此获得了成功，可能是与工作相关的成功或者是爱情的成功。还有一些人为克服致命的缺陷努力学习，为了掩盖缺点而努力打造自己的魅力。

然而，一旦进入中年，就该放下自卑感了，那些曾经受惠于自卑感的人也无一例外。无论是自惭形秽还是被害意识，都会显露出局限性。最明显的原因还是健康问题，到了这个年纪，人们的心、肺功能都无力再承受这种强烈的情绪了。那些自惭形秽的人渐渐失去了继续在意别人的体力。因此，被自卑困扰的人通常从 30 岁以后就需要经常往返于医院。以前可以凭借年轻、体力好压抑自己的情绪，而到了 30 岁以后，体力就难以支撑了。前来咨询的人中，有一些人会心脏跳动过快，常常被失眠困扰。

也有一些备受自卑感折磨的人会依靠酒精来安抚情绪。他们为了冷静下来，将酒精灌入自己的身体。因为饮酒过度，常常会引发心脏和肝脏方面的疾病。如果仔细观察他们中来咨询的人，就会发现他们很难集中注意力，情绪中还会附加"无法控制饮酒"的自卑感。

冷笑也可以成为"药"

自卑的想法源于对世界万物的优劣之分：因为低学历感到自卑的人往往是按学历高低把人分成三六九等的人；因为贫穷自卑的人，习惯把贫贱作为区分世间事物的标准。当然，这样的分类并不算错，只是会受到周边环境和社会氛围较大的影响。

如果想从根本上摆脱自卑感，需要将区分优劣、好坏（无论是人还是事物）的习惯改掉。老庄学说就强调了这一点，他们认为按照用途的贵贱区分事物是毫无意义的。庄子曾经讲过一个无用之树的故事：因为前来砍伐树木的人众多，适合建造房屋的树木无法长得茂盛，而原本看起来无用的树木却因无人砍伐而长势良好。有用之树因风头正旺很早被砍掉了，而普通的树木却长久地存活了下来，成为村庄的守护神和人们的休憩之所。

我认为老子、庄子都是"厌世"的人，越是人心惶惶、两极分化的时代，越是有更多的人从老庄学说中获得安慰。"挣再多钱，出人头地又有什么用呢？"成为一句自我满足式的安慰。虽然过分地嘲讽也会有问题，但冷笑确实是减少自卑感的有效办法。如果你经常感到情绪激动或有难以摆脱的心理阴影，就去读一读庄子的书吧。在他的认知里，冷笑也是一种简单的防御工具。

走出自卑，从今天开始

培养"人生在世不过如此"的精神

如果你感到深深的自卑，就会出现心跳加速、呼吸急促的症状，血液中会积累过多的氧气。通常，我们认为血液中含有大量氧气是件好事，但事实并非如此。这时，有可能会出现手脚发麻的症状，严重时可能导致出现急性呼吸综合征和昏厥。

如果能放下自卑，找回冷静，就会出现完全相反的身体反应。心跳的速度和每分钟的呼吸数都会有所下降，血液中的二氧化碳上升，从而缓解紧张的情绪。

虽然我们无法控制心跳速度，但在一定程度上可以调节呼吸速度。通过缓慢的深呼吸，长长地呼出一口气，可以使情绪平稳、缓和。这种身体反应与摆脱自卑感的体验最为相似。

呼吸法很简单，快速吸气的同时心里默数"1、2、3……"，呼气的同时放缓速度，继续默念数字。快速吸气，缓慢呼气，呼气的时候数"1、2、3……"。重复这个过程。

呼气的时候，试着同时说"人生在世，不过如此"。当你对世界冷笑时，自卑感就会有所减弱。随着时间的流逝，所谓的"优缺点"都会渐渐消散。你会明白能够舒适地呼吸本身就是一种幸运。生活不过如此，让我们过得脱俗、潇洒一点。

4

拖延与逃避

许多人对"伤心"有刻板印象。内心受伤与身体受伤的反应不一样,过去,身体不舒服也能埋怨意志力不够强,现在这种说法已经"过时"了。不过,直到现在,如果得了精神疾病还是会被指责意志力薄弱、性格不好。很多年长的人会责备患有精神疾病的年轻人:"都是父母惯坏的。""这有什么值得喊累的?"

因此,即使去医院接受治疗,他们也很纠结要不要把自己痛苦的原因和痛苦的程度一五一十地告诉医生。例如,老公有外遇,难以忍受痛苦的妻子却很难把自己的伤心事倾诉出来,常常选择逃避。

不能喊疼的年轻人

年轻人也一样,他们不会说自己有多么孤独和疲倦,总是试图找其他借口搪塞。而作为医生的我,并不想指责和埋怨他们。"我原本是个意志坚强、积极乐观的人。""为了保持积极的生活态度,我已经付出了很多努力。我试着寻找信仰,也读了无数本书。""但是，自尊感为什么还是没有提高呢？从根本而言，这些问题都源于父母，事到如今，我什么都改变不了。"他们会以这样的方式不断地给自己找各种借口。

遗憾的是，过分关注原因，只能导致"解决"问题所需的能量被消磨殆尽。"我的情绪状况如何？""失眠持续了多久？"这些问题都没能得到及时的关注。因为无法找到让自己痛苦的根源，只能深陷"原因"的泥潭不能自拔。

很多人都害怕进入变化的阶段，因为他们很难承认自己内心受到的伤害，仿佛承认就代表着认输，只能任凭问题与烦恼继续滋生、蔓延。

就这样，逐渐养成了面对改变犹豫不决的习惯，拖延时间，打"擦边球"，很难真正走上恢复与变化的道路。

逃避者的三种类型

没有人会认为自己"害怕被责备，所以逃避做决定"，因为在这些烦恼和担心产生之前，他们已经采取了其他行动。尽管内心痛苦、疲惫，他们却还是无法直接面对现实。这些选择逃避的人主要可分为以下几个类型。

（1）关注别人的情况

只要听到"不是只有你，别人也会遭遇这样的事情"，接受咨询的人内心就能感到一丝平和。承受心理压力的人，都希望这不只是发生在自己身上的问题。他们希望能够确认别人也可能经历过同样的事情，这种遭遇与自己的意志和性格无关。

也有些人会因此养成一直关注他人的习惯。在公司关注同事，回到家里也习惯性通过 SNS 去窥探别人的生活。当身体不适去医院的时候，他们并不关心自己需要什么，治疗的目的是什么，而是先咨询别人是否也得过同样的病。至于他们内心深处的真实声音，却很难对他人倾诉。

（2）追究原因

即使接受了自己所经历的痛苦，还是会因为纠结于痛苦的成因，从而难以找到解决问题的根本方法。

是幼年受到了伤害，还是父母关系不合导致的？为了弄清楚到底是哪一个选择造成了自己内心的痛苦，他们通常会去买三四本心理类图书或去医院寻求帮助。

其实，造成他们内心痛苦的原因中共同的部分就是"过去"，而过去的最大特点就是无法改变。童年与父母的关系，受到的伤害，过去的性格和习惯，基因问题，等等。即使知道了与这些原因相关，也不能改变任何事实。

在心理问题的研究中，掌握原因意味着对问题的解决开始做出尝试，并不代表达到了最终的目的。因此，不要浪费太多的心力在完全掌握原因上，你需要留下足够的能量去了解当下的状况和未来努力的方向。毕竟，明确的根本原因本来就不存在。当然，如果你能破除误解，了解到真正的原因，就会明白痛苦的根源并不在自己身上。知道了这些，可以为治愈伤口打好基础，也能提醒自己未来不再重蹈覆辙。但是，如果只是停留在分析原因的层面，而不去付诸实际的努力，那就很难真正解决问题。

（3）陷入不满与指责的泥沼

一味地指责得不到任何东西。向朋友倾诉不满也许可以获得暂时的情感宣泄，但情感的释放并不能使现实有任何改变。当不满的对象是家庭成员时，情况会更严重。对家人的不满和讨厌，本身就会变为一种压力，使你感到沮丧。

即使停止对他人的责备也无法解决问题，因为停止对外攻击的同时，往往也会开始责难自己。无论是强迫性地责怪自己还是他人，都会离问题的解决越来越远。

解决问题的四大前提

如果想治愈受伤的心灵、摒弃不良的习惯，就必须做出改变。如果想找回自尊，就不要把精力浪费在分析上，而是努力做出改变。远离"逃避变化"和"拖延"的习惯，设定新的目标。下面就为大家介绍解决问题所必需的四大前提。

（1）我的心情优先

改变的主体是我，变化的对象也是我。然而一直以来，我们花费了太多时间在与人比较、争论和自我批评上。

首先，我们要学会照顾自己的心情。关注是什么让自己感到痛苦，要怎么做才能治愈它。学生时代的欺凌、家庭的责骂和暴力、职场上上司的折磨等，都会给人带来难以言说的痛苦。你必须倾尽全力去做出改变，认真思考你当下的心理状态以及期待自己有怎样的新变化。

（2）行动起来

我们正在为打造健康的自尊心而努力着，这本书的根本目标也是为了实现自尊的治愈与恢复。

而这个过程并不能只停留在精神层面，只在脑海中思考是无法改变任何现实的。虽然读书有益，但也要学会写作和语言交流，或选择画画和做运动。总之，变化是从行动开始的。

（3）继续坚持

在下一章中，我们会提出一些恢复自尊的具体办法。当然，即使遵循这些方法去做，也会有感到无趣、充满消极情绪的时候，也会产生质疑、不信任等各种负面的想法。

即便如此，也请你继续坚持。重拾自尊的过程与减肥很相似，一开始会快速减重，当体重达到某个指数后，体重的下降速度就会放缓。这时，人们往往会感到慌张、丧失意欲，怀疑自己是否应该停下来。其实，这是非常正常的事情。对于所有的事情，我们在一开始都会充满好奇，但渐渐地就会失去兴趣。学习烹饪和雕刻艺术也是一样的道理。

同样，在恢复自尊的过程中，也可能会遇到这样的情形。这时候，不要停滞不前，也不要拖延时间，而是继续行动起来。作为恢复自尊的重要环节，在实践的过程中才能学会更好地安抚情绪。

（4）不要独自一人

我们并没有必要持续做毫无乐趣的事情，也不要勉强自己，给自己带来不必要的折磨。为了更好地解决问题，我建议不要独自一人坚持。

这同锻炼身体的过程又有些相似。在我看来，"最难的事情就是一个人在健身房里坚持锻炼"。过去，人们都习惯独自去健身房运动，但最近请私教成为一种时尚，这被称为"循环运动"。还有很多集体项目，比起独自一人努力更能激发起参与者参与的兴趣。

保持情绪健康的训练通过这样的方式也会更有效果，和小伙伴一起做，请专家指导，都是很好的训练方式。如果很难实现同其他人一起努力，那么借助笔记和日记的力量也会有所帮助，可以将每天付出的努力都记录下来。

走出自卑，从今天开始

树立一个具体的榜样

考虑一下未来想解决什么样的问题，想成为一个什么样的人。设定目标和抱怨不满、自我指责有着明显的不同。打个比方，就像画房屋设计图，并不是为了意识到自己家的狭小和不舒适，而是具体描绘出理想中的家是什么样子。同样，我们在设定目标时，也要考虑自己想成为怎样的人，要如何表达情绪和付诸行动。

如果想明确目标的内容，需要遵循以下三个步骤。

第一步：记录关于"我"的不满

例：

• 讨厌上司的责难。

→这不是对我的不满，而是对别人的不满。

• 讨厌那个因为厌烦上司没睡好觉的自己。

第二步：写下自己在经历改变后想成为怎样的人。

例：

• 我想消除童年的记忆。

→已经发生的事情无法更改，也不能强制删除。

• 真讨厌当初选择来这家公司面试的我。

→这不仅是关于过去的故事，还是对自己的抱怨。在步骤1中写，效果会更好。

• 讨厌这种对上司的不满情绪，下班后想更加专注于自己的生活。

→虽然我对现实有所抱怨，但也对未来设定了一个具体的目标。

第三步：写下第二阶段中的目标主人公，以及如果遇到第一阶段的状况会采取怎样的行动。

例：

• 我想成为像同事那样的人，即使受到上司的批评，也能淡定地接受。他每天一下班就关注自己的兴趣爱好，到了周末会完全忘记公司的事情，愉快地休假。

通过这种方式，可以实现具体目标的设定。一旦目标确定下来，按照下一个阶段的"行动指南"去做就可以了。如果想成为那位淡定的同事，就按照他的做法去尝试吧。

5

敏　感

人类的心脏和皮肤在构造上有着相似之处，从生物学的角度来看，脑组织和皮肤都是由外胚层分化出来的，受伤和愈合的过程也极其相似。

如果一直用尖锐的东西刺皮肤，皮肤会有什么反应呢？充血、肿胀，即使是轻微地划过也会有疼痛的感觉。内心也一样，如果因为某件事情感受到了压力，就会变得敏感。例如，看着父亲醉酒后施暴长大的孩子，大多会对"喝酒的中年男人"感到厌烦。当你内心受伤或感到不安时，最常见的反应就是敏感。无论是什么原因，敏感的状态持续得越久，越不利于人际关系的维系。

"开始"源于"关联"

人生在世，每个人都难免经历不如意的事情，受伤、被背叛、失去心爱之物、期望落空等。

自尊感强的人不会遭受太大的冲击，人生中的不幸并不会削弱他们的自尊。遇到困难的事情，他们虽然也很难过，但生活并不会因此而有太大的改变。换句话说，不幸和自我之间隔了一堵坚实的墙，这堵墙如同抵御病毒的抗体一般，将自我隔离保护起来。

相反，那些自尊感弱的人总是将很多东西与自身联结起来。在他们的思维逻辑里，总是将坏事儿同自己联系起来。由此产生的情绪中，最具代表性的就是负罪感——把周围人遭遇的不幸归咎于自己。孩子如果身患疾病，自责的父母得抑郁症的概率会很高。夫妇关系如果不和谐，子女们大多会有心理疾病，这是源于对无法阻止父母争吵的内疚感。他们甚至会自责地认为，如果自己足够可爱，父母就不会争吵了。这无疑是不客观的。

很多问题的开始往往源于"关联"，自责的产生也源于将他人的问题归咎于自己。一旦将自身的问题与他人相关联，就会莫名地感到愤怒。如果将外界与自己过度联结，就会埋下敏感的种子，对自尊产生致命的影响。

说给我听的话

将与自己无关的事情当作自己的问题，这种思维反应被称为"关系思维"。这样的思维模式会引发多种情绪。尽管思想与情绪相联结，但当几种思想缠绕在一起时，情绪只会变得复杂。情绪随着思维快速变化的情况，被称作"敏感"。

敏感与皮肤过敏很相似，受伤的皮肤会产生过敏反应。此前毫无感觉的地方现在也会感到疼痛，平时可以忽略的小刺激现在也会觉得瘙痒难忍。

对于情绪敏感的人而言，一丁点儿小刺激也会给他们带来影响，别人无心的一句话、一个表情都会让他们难以忘怀。拥有健康自尊的人，大脑里会发出"这与我无关"的信号，将那些信息判断为不重要、没有用的，而自尊感较弱、情绪敏感的人会把这些不必要的信息都附加到自己身上。反复咀嚼其中的"深意"，想得越深，就越容易陷入同自己的纠葛中。

例如，在朋友的聚会上，有人开始自我炫耀："前不久，在乡下买了块儿地。现在说是要再开发，看来我要大赚一笔了……"情绪健康的人会在一旁附和："是吗？太好了，真羡慕你啊。"其实，情绪健康的人的话里并没有太多的关心，心情也不会受到影响。相反，那些自尊感弱的人，则会受到很大的影响。"他明知道我刚赔了钱，这不是说给我听的吗？"满脑子充斥着这样的想法，第二天也很难释怀。

如果患上了心理疾病，很小的事情都会引发很多思绪，那些对别人而言微不足道的小事，对他而言也会变得举足轻重。

从关系思维到被害意识

虽然还不至于发展成"妄想"，但关系思维如果迟迟不从脑海里消散，对于内心柔弱的人而言，这也是一种折磨。关系思维会产生对自己的不信任，因为不相信自己的能力，所以对自我防御也充满了不信任。每当承受来自他人的攻击时，内心都会因为动摇而变得战战兢兢。

陷入关系思维的人总是在思考："怎么做才能看起来更自信呢？"这也反向证明了他目前的不自信。聚会上别人无意间的谈笑，也会被他当作对自己的评头论足，引起内心的紧张。

当注意力集中在别人的言语上时，记忆力好像也会有所增强。别人一笑而过的事情，却被他独自反复咀嚼，甚至会在几个月后的某一天，突然给别人打电话质问别人："当时，你为什么要在这么多人面前说那样的话？"

如果关系思维里消极的部分被强化，就会发展为"被害意识"，一般被称作"被迫害妄想症"，很多人都深受其害。这样的人总是很在意自己的利益有没有被侵害，朋友们是不是背着自己偷偷见面。

别人的情绪请交给别人

如果想不再敏感，必须从"区分自己与他人"的能力开始练习。"他人"的范围很广，除自己以外的人都是他人，家人、朋友、公司的同事等都包含在其中。

父母和子女之间经常产生摩擦，大多是因为大家总是忘记了这一点。因为孩子是自己所生，所以孩子常常被父母看作自己的一部分。因此，他们总是把子女的问题当作自己的事情来干涉、唠叨。同样，孩子也把向父母索取当成理所应当的事情。因为是妈妈，就应当为孩子奉献一生；因为是爸爸，就应当相信孩子，并对他们抱有期待。然而，父母在成为父母之前，也是在这个世界上一路摸爬滚打后慢慢老去的人。

当孩子懂事之后，对父母的认知就不仅仅是"我的爸爸妈妈"这么简单了，成熟的子女会承认父母年纪的增长，体力、记忆力的下降，委屈与疑心的增加。父母也是人，也是他们父母的子女，也是拥有情绪和欲望的生命体。

为了幸福的生活，一定要养成把"别人的事情留给别人"的习惯。如果总是在意别人的言谈举止，甚至认为自己会受到危害，幸福就会与你渐行渐远。

当然，这并不是要求你对别人的所有事情都漠不关心，世上还是存在很多必须合作完成的事情。而且，在相爱的关系中，只有适当地互相关心和爱护，才能分享幸福。

最重要的是，要把别人的情绪交付给当事人自己。每个人都有属于自己的笑点和情绪的软肋。即使看同一部电影，每个人发笑和流泪的部分都不尽相同，这是因为每种情绪都有它特定的感知理由。因此，质疑他人心情产生的原因是毫无意义的，别人的情绪都是他们自己所独有的，我做什么都无法改变。毕竟，那些情绪不是因我而生，也不属于我的责任。

如果想对别人表示关心，想帮助他们，可以遵循下面的方法。当然，前提是不要妄想改变他人的情绪或将那些情绪"据为己有"。无论别人是生气还是怀疑，都是他们自己的事情，没必要和他们同仇敌忾，或卷进、插手那些事情。要牢记住，别人的情绪是他们自己的。

走出自卑，从今天开始

牢记消除敏感的咒语

我们渐渐就会明白，世界上事关生死的事情其实并不算多，大部分的争议都来自生活中的琐事。别人不小心撞了一下肩膀，或者有的人看起来年纪小却不用敬语，这些小事都可能引发大的冲突。

其实，这些都不是什么大事儿，没有必要因为不重要或讨厌的人去改变自己的生活状态。当人际关系变得敏感时，问问自己："就算和他闹僵了，又能怎么样呢？"如果因为健康问题过分敏感，问问自己："有一点难受，又能怎么样呢？谁没有生过病啊。"仅仅通过这些话，就可以从敏感中走出一小步。

总是纠结于一件事情，这被称作"执迷"。破解执迷的办法，就是不断对自己说："那又算什么呢？"当因为判断失误而导致巨大的经济损失时，比起失去的钱，更大的问题在于执迷。在沉浸于"遭受损失"的痛苦的那几天里，你不仅浪费了时间，还会造成人际关系的隔阂。在这种情况下，你需要不断地告诉自己"那点儿钱不算什么"。如果和深爱的人分手了，那就告诉自己"情侣之间分分合合太正常了"。通过这个办法，可以让那些影响心情的沉重的想法变得轻松很多。

方法：

"那又怎么样呢！"

"那算什么啊！"

"犯点儿错又能怎样！"

Part 5　结束语

接受、期待、坚持

想摆脱不良习惯，需要经历下列四个阶段。

第一，"接受"。你需要接受两件事：一件是你长期以来养成了坏习惯，另一件是你正在被坏习惯折磨。如果想更好地接受它们，可以直接记下来或读出来。例如，记录本的第一行写"我有想改变他人情绪的习惯"，第二行写"这个习惯让我很疲倦"。这样写下两行之后，随时随地大声念出来。如果想戒烟，就写下"我有抽烟的习惯""这个习惯会伤害我的身体"。这样记录，反复读出来就可以。原本下定决心戒烟，最后却失败的情况大多是因为忘记了上面记录的两点。如果忘记了吸烟是习惯，就会产生"只吸一次就戒烟"的想法。如果忘记了吸烟有害的事实，就会产生"压力太大了，抽一支会好点儿"的念头。我们需要不断地在脑海中重复坏习惯的存在和危害，至少花费一周的时间才能给大脑留下清晰的印象。

第二，"期待"。所有事物都存在矛盾性，对于坏习惯的心情也是如此。虽然很想戒掉，但真正要摆脱它的时候又担心原有的生活节奏会被打乱。如果想彻底戒掉坏习惯，你需要对"戒掉"抱有恳切的期待。每个人都会有降低自尊的习惯，如果想脱离坏习惯的控制，就一定要怀抱摆脱它们的期待。

第三，"假装"。虽然我们的内心深处都希望很顺利地做出改变，不经历任何波折，但事实上这种情况很少见。因此，在新习惯形成之前，我们要假装已经戒掉了旧习惯，这种"假装"差不多要花两个月以上的时间。

最后，"坚持"是很有必要的。对于那些缺乏自尊的人而言，坚持是最难的事情。所谓"习惯"都有复发性，因此改变不可能是一蹴而就的。然而，很多人在面对"复发"时，总会因"果然是我不行，看，又失败了"的想法而陷入绝望。

变化不是通过一次决心、一次尝试就可以实现的。似成而败，似败而成，改变往往处于这样循环往复的过程中。"不知不觉中再度陷入自卑""坏习惯复发"都是很常见的情况。重要的是，不要用失败来判定自己，只有在心态崩塌后一次又一次重新振作，才能铸就更强大的心。

Part 6

为了恢复自尊，
必须克服的问题

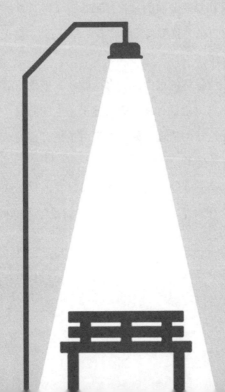

1

克服伤害

春天播种，夏季除草、喷洒农药驱虫是农民日常的生活，这与恢复自尊的过程非常类似。

我们读这本书的目的其实就是收获自尊感的"果实"。如果把前文提到的方法看作春夏务农的过程，那么"了解自尊的含义，掌握如何去爱和尊重自己"就可以看作"春耕"，而到了夏天，则需要进行"除害"的工作。

在自然界，清除坏的东西也会有所收获，把秕粒筛掉，稻子就能生得饱满，小鸟天生就有破壳而出迎来新生的能力。自尊感在某种程度上也遵循这样的道理，如果能把对情绪有害的东西剔除，自尊的恢复就能容易很多。

搞清楚什么是有害的东西，并接受自己身上存在这些东西的事实，是恢复自尊感最基本的阶段。下一步就是学习如何克服难题，并付诸实践。

所有伤害都是过去时

首先，要了解什么是伤害。人们经常说"我受伤了""伤到我了"，那所谓的"受伤"到底是指什么呢？什么会造成伤害呢？伤害以什么样的形式显现？这是很多人关心的问题。对此，我给出了如下三个答案。

whatever（无论什么）：任何事物都可能对我们造成伤害，任何一句话也可能造成伤害，任何事件、任何行动都可能给我们留下伤口。因此，"竟然为了这种小事难受了好多年，我真是个傻瓜吗？"这样的问题毫无意义。

however（无论如何）：表达受伤的方式可以有很多种，有人哭泣，有人生气，也有人笑，有人咬紧牙关。有些人好像满不在乎，有些人则装作什么都没有发生。

whenever（无论何时）：有些人在受伤后会马上表现出来，而有些人几年后才会有所表现。有些人甚至几十年后还在被伤口折磨，有一些人却能在很短的时间内治愈伤痛。

很多人在咨询中提到关于心理创伤（过去的伤害影响当下的生活）的问题，我给出的答案总是"可能是，也可能不是"，伤害的发生和显现的方式多种多样，并没有固定的规则。

但是，它们之间有重要的共同点——所有的心理创伤都来自过去发生的事情，这让我突然联想到巨幅青蛙照片的故事。如果把巨幅青蛙的照片拿给小孩子们看，他们会害怕地后退或大哭起来。其实，照片并不会伤害他们，只是因为在看到青蛙照片，感到恐惧的那个瞬间，没有听到一句"没关系"的安慰。

心理创伤带来的结果

在美剧《拉字至上》（The L word）中，有一个叫珍妮的女人。一开始，她只是个马上要与男朋友结婚的平凡角色。后来，她突然陷入和另一个人的热恋之中，此后的她变得极端，充满自我破坏性。她离间朋友，给他们带来伤害，她甚至还有自残行为。韩国观众给她取了个绰号——"疯珍妮"，用来形容活火山一般随时可能情绪爆发的人。

其实，珍妮在很小的时候就遭遇过性侵。父母非但没有给予保护，还把事情掩盖了下去，把所有的错误都归咎于珍妮。在这个过程中，珍妮再度受伤，一直生活在痛苦之中。

珍妮曾经梦想成为一名作家，她长大后虽然不断地写作，和普通的男人相爱，但依旧无法摆脱那段黑暗的记忆。她甚至试图依靠混乱的性生活来忘记过去，但一切都无济于事。最后，她去脱衣舞酒吧当了一名舞女，在一群欢呼的、醉眼迷离的男人面前表演。珍妮的朋友曾经问过她："你小时候遭遇过那样的事情，为什么现在还要从事这份工作呢？"珍妮回答道："在这里，我可以随心所欲地停下来，可以展现我想让大家看到的东西，可以在任何时刻按下终止键，我喜欢这种感觉。"

我的情绪软肋是什么

内心受到的伤害往往会留下痕迹。虽说时间就是解药，但没有完全愈合的伤口还是会在不经意间突然隐隐作痛。每当快忘记的时候，那件事就会重新出现在脑海里，令人备感折磨。有时虽然外表看起来已经痊愈，内心深处却可能早已溃烂。珍妮的伤痛源于性侵事件，虽说已成往事，可痛苦却还在延续。

触碰到伤口的时候，痛感会很明显，这也就是所谓的"软肋、要害"。珍妮内心的软肋是"不能随心所欲"。无法用力量反抗性侵的施暴者，也无法从侵害中逃离，这些都让珍妮深受打击。在案件处理的过程中，她不能反抗父母，只能按照他们说的去做。

每个人的心中都有自己的软肋，大多和过往经历的伤痛有关，每个人的软肋都不尽相同。兄弟被父母差别对待时，不得不竞争的场景对他们而言就是软肋。那些因为被冤枉而产生心理创伤的人，遇到一丁点儿委屈的事情就会发作。

保护软肋的防御机制

受伤的人为了保护自己的软肋不受侵犯，需要研究自我防御的方法。虽然也有人会下意识地研究，但大部分人都是在不知不觉中找到了防御的方法。

这样的防御方法（保护内心的软肋不外露，痛苦不蔓延）被称作"防御机制"。心理学家已经证明，世界上存在多种多样的防御机制。《伊索寓言》里"狐狸和酸葡萄"的故事中，"合理化"的防御机制就非常具有代表性——"因为葡萄酸，所以不吃"的思维方式是"合理化"，这便是故事中狐狸的防御机制。

人们都有各自习惯使用的防御机制。每个人都可以使用多种防御机制，针对一个事件也可能用到多种方法，防御机制对每个人而言都非常重要。也有观点认为，根据防御机制使用方式的不同，可以判断一个人的人品和性格。

不成熟的防御与成熟的防御

为了保护软肋而采取的防御机制，有时反倒会对自己和他人造成伤害，这种情况被称作"不成熟的防御"。前文中提到的美剧主人公珍妮正是如此，她从"无法随心所欲"的想法中激发出了防御机制，希望借此获得自由，而她采取的方式中包括自残、酒精中毒、混乱的性生活等。这些行动虽然可以在短时间内带来安慰，但最终留下的只有后悔与不好的影响。

除此之外，还有很多不成熟的防御机制，其中指责和自责就是具有代表性的两个。当产生不好的感觉时，人们习惯通过攻击他人或自我谴责的方式来启动防御。例如，从婆婆那里受了委屈后，虽然难以接受，却也没有自信向婆婆表达自己的委屈与不爽，只好向孩子或娘家的亲戚诉苦。其实，婆婆并没有做出实际的伤害行为，媳妇的行为也不能完全称之为"防御"，再加上这种方式可能在婆媳、亲家间引发新的问题，因此不能视作和平的防御方式。

也有人采取压迫的方式，这些人通常都有莫名其妙爆发情绪的倾向。例如，父亲生气，却把火撒到了孩子身上。这种压迫性的防御方法，往往会导致愤怒和攻击倾向的产生，给周围的人带来困扰。

和不成熟的防御机制不同，拥有成熟防御机制的人在保护自己内心的同时，不会给他人带来伤害。成熟防御机制的代表就是"升华"。当遭遇不幸的事情时，可以将与之相关的负面情绪调动和利用起来。例如，曾经被孤立、患有抑郁症的青少年，成年后成为帮助被霸凌学生的心理辅导专家，那些儿时抑郁、悲伤的记忆可以让他们成为拥有强大共情力的优秀治疗师。还有那些把失恋的痛苦融入歌曲创作、文学创作的作曲家和作家，都是利用"升华"防御机制的优秀案例。这时的防御机制不仅不会危害他人，反而会成为安慰的力量。

修复伤口、恢复自尊的目的中也包括对防御机制的完善。接受专家的温暖建议，学习如何应对伤痛，通过训练后，自然可以掌握修复伤痛的方法。成熟的人也有软肋，只是他们懂得如何通过平和的方式保护自己。

放下无法改变的过去，关注当下的安全

世界上有两件事永远无法改变——别人与过去。过去经历的痛苦延续至今，无论是谁都难以承受。遗憾的是，人类至今也没有找到改变或抹掉过去的方法。

过去留下的伤害之所以困扰着我们，是因为它动摇了时间的概念。虽然是很久以前发生的事情，却好像正在身边发生一样给人造成混乱。我曾经为一个十年前经历过抢劫事件的人做心理咨询，聊天过程中，他一直盯着门口。当我问他原因的时候，他说："好像门一开，强盗就会冲进来。"

童年时从父母、老师那里遭受的伤害，被朋友排挤的记忆，虽然都是过往的事情，那个曾经被无视、被比较的"我"也是很久以前的"我"，但当现在的自己经历某些事情的时候，脑海里还是会浮

现出那些过往的伤痛。伤害的确会让人痛苦，但我们不能忘记它们已经是过去时了。

心结如果得以升华（前文提到的防御机制），我们就可以从思绪的混乱中摆脱出来。纷繁的思绪的确会让人感到混乱，如果你能把它们从脑海里统统"掏"出来，你就会发现那都是过去的事情了。我们已经摆脱了过去的羁绊，身处当下安全的环境之中。要知道，那些曾经折磨我们的大人已经变老，而我们也已变得更加强大。

告诉大脑"都是过去的事儿了"

上一节提到的内容，我们的大脑其实并不知情，它依旧处于自己编织的错觉之中。即使平时清楚、明白，但当处于醉酒或其他不好的状态时，分辨力会降低，我们就容易把过去和现在混淆起来。

过往的伤害和看恐怖电影的感觉有些相似。在电影放映的过程中，人们随时面临着鬼怪、僵尸突然跳出画面的恐惧。一旦出现这样的场景，人们就会大声尖叫起来。但等到电影结束之后，人们就会意识到刚才的恐惧其实与现实无关。

我们需要把这一事实不断地告诉大脑，让它彻底理解"伤害已经过去"。如果想达到这一目的，比起在心里重复默念"都已经过去了"，说出来会更有效。我们要努力让自己的声音传递至大脑深处——控制情绪和记忆的中枢，告诉它们："都已经过去了，现在没关系了，我现在很安全。"

即便做到这些，大脑仍旧会有混淆不清的时候。毕竟，带有偏差的记忆已经在脑海里封存了太久，大脑一时间很难接受"事情已经过去"的事实。内心深处可能会出现另一种质疑的声音，要我们停止改变，这是因为喜欢"熟悉"的大脑会试图继续保持痛苦的状态。那我们该怎么办呢？坚持每天大声告诉大脑100次："都已经过去了，现在没关系了，我现在很安全。"只有坚持说下去，才能让耳朵里的细胞、心脏细胞、面部肌肉都接收到这个事实。

2

克服反抗

浪漫喜剧电影里经常会出现这样的场景：

· 两个看上去很不搭调的人相遇后，总是莫名其妙地纠缠在一起。

· 这两个人渐渐亲密了起来。

· 他们的行为举止像情侣一般，甚至还有接吻的场面……

接下来的情节通常是陷入爱河的两个人遇到了现实的难题。两个人中自尊感较弱的人会留下字条离开："我不确定自己是否可以拥有这样的幸福。""你是很好的人，但我现在不是谈情说爱的时候，等我变成更优秀的人之后再回来找你。"他们一边梦想拥有幸福，一边怀疑自己是否值得幸福，充满担忧。

电影里的主人公充满魅力，渴望爱情，却因为曾经受到的伤害无法拥有健康的自尊感。即使很快遇到了爱情，也很难把这份感情维系下去。在他们心中同时存在拥有和放弃的念头，而我们的心底也总是有这样矛盾性的存在。

期待又抗拒的心情

当被问到"你希望恢复自尊吗？"时，大部分人都会给出肯定的回答。其实有必要认真考虑一下，自己内心深处是否真的希望改变现有的生活。在实际的咨询中，也常常会出现一些意料之外的答案。

"对，我希望孩子们能生活在幸福的世界。"

"当然了，我还要找工作，也要结婚啊。"

"理所当然的事情有什么好问的呢？难道医生您想过得不幸吗？怎么总重复问同样的问题呢？"

咨询中经常会收到这样的反馈。人们为了恢复自尊去读书、去咨询，但实际情况中，想恢复自尊往往与其他的目标发生冲突。比起恢复自己的自尊感，他们会更看重孩子的问题或其他眼前亟待解决的难题，很难专心集中于自尊感的恢复。

站在恢复自尊感这一改变人生的课题面前，我们的心情往往很复杂。急切地期待着改变，内心却又夹杂着一丝抗拒。虽然向往恢复自尊后的生活，却又总是做一些"背道而驰"的事情。我们在期待变化的同时，也在进行着某种意义上的抵抗。我们需要认识到阻力的存在，并努力去克服，才能真正走上自尊恢复之路。

你也许会奇怪，恢复自尊明明可以增强幸福感，为什么还要抵抗呢？你甚至还会不耐烦地表示"我不可能抵抗的，快点告诉我如何恢复自尊吧"。事实上，在恢复的过程中，正确地认识阻力是非常有必要的。

其实，产生抵抗情绪是很正常的，如同搬运物体时会产生摩擦力一样。我们都希望从不幸变得幸福，但所有的移动和改变都需要克服重力和摩擦力。

"保持原地不动"是一种惯性的力量。与其一边说着"我不会抵抗"，一边暗暗压抑自己，倒不如认真考虑一下导致摩擦力增大的原因，以及能轻松地克服阻力的办法，这才更具有实际意义。

例如，当面试官问"你想来我们公司上班吗？"时，所有的面试者都会说"是的，我想来这家公司"。但他们内心深处可能会充斥着各种矛盾与担心："不能睡懒觉了吧？""能很好地适应新公司吗？"当面试官继续问"如果来我们公司上班，就要从早到晚地干活。你需要放弃成为作家的梦想，真的没关系吗？"时，听到这话的面试者可能会更加动摇。虽然找工作的心情很急切，但那些需要放弃和付出的代价也是他们不得不在意的。

矛盾情绪在长期的恋人关系中很常见。爱情的降温让他们想分开，但好不容易维持的稳定关系又让他们舍不得放手。有时候，他们明知道分手会更加幸福，却始终无法推倒面前的阻隔之墙。久而久之，他们只会积累更多的不满情绪。

阻碍行动与实践的三种心理

问题往往源于意识不到阻碍，或无法接受阻碍的存在。认识不到内在的反作用力，就无法真正克服它们。即便付出了努力，迎来的也只能是一次次失败。

例如，那些认真阅读自我开发书籍的人，也存在被抵制情绪压抑自我的情况。为了恢复自尊去读书、听演讲、咨询专家，尝试了各种方法都不见成效，这往往是因为内心深处的抵抗情绪拉低了行动的积极性。就像通过驾驶说明书来提高开车实力，无论多么用功地读书、背诵，对驾驶能力的实际提高也没有明显的成效。无论脑海中积累了多少知识，如果不付诸实践和训练，就无法成为一名优秀的驾驶员。

如果真的想恢复自尊，就必须克服内心的阻力。日常生活中，阻止自尊恢复的抵抗情绪主要有以下三种。

阻力 1：真的能成功吗？

第一个阻力是对结果的怀疑。一旦开始怀疑结果，行动就会有所拖延，这是自信心不足所造成的。反正结果都是失败，如果经过努力还得不到成果，内心可能会更加空虚。希望越大，失望就越大。抱着这样的想法，你认为提前放弃会更好。

自尊感弱的人认为对结果的怀疑是理所当然的，在他们看来，自己的能力不足会导致自信心匮乏，而成功总是遥不可及的。

我们应该明白，自尊感恢复的过程不能用"合格与否"的标准来评价。如果在健身房努力运动了三个月，可能会打造出明星般的身材，也可能不会有那么明显的效果，但无论如何都会比现在的状况要好。在我看来，"三分钟热度"也是有价值的，哪怕是维持了三天的运动，也比什么都不做要强。

阻力 2：谁不知道这些道理？不过是纸上谈兵罢了。

当我第一次读《男人来自火星，女人来自金星》时，我曾经认为只要读过这本书，男女之间就不会再有争执。因为书中详细地介绍了男女使用的语言有何不同，应该如何去沟通。虽然这本书是畅销书，但现实生活中的男人和女人仍然说着"不同的语言"，总是争论不休。

这正是因为我们身上带有"抗拒实践"的力量。在一些人看来，理论和实践是需要分开讨论的两个范畴，无论多么认真地学习了理论知识，也不愿在实践中应用。事实上，如果不把所学付诸实践，失败是在所难免的。而这些人反倒会埋怨是理论本身的问题，他们会抱怨为什么取得了优秀的理论成绩，却依旧没有办法获得成功。

读书得来的知识，只有经过实践的检验才会有意义。就像脱离现实的理论会遭到唾弃一样，如果理论不应用于实践，将会毫无价值可言。

阻力 3：已经尝试过，但都没有用。

有时候，即使付出了努力，还是会回到原始的状态。一开始，自尊感可能有所提高，心情也会平复一些，饮食好像也得到了控制。但一切的平和都可能在瞬间崩塌，"终究还是做不到"的失望感随之而来，一直以来的努力都会付之东流。

其实，无论多小的变化，都需要至少两个月的适应期。而在这段时间里，旧习惯复发的情况是很常见的。人的内心也存在惯性定律的法则。

不要因为这样的理由就责怪自己，甚至放弃自己。在这种情况下，需要认真审视自尊感被削弱的原因与契机，这种思考是有很大帮助的。到底是因为遇到了什么人，听到了什么话，情绪发生了怎样的变化，才导致了挫败感的产生？通过这样审视的过程，才能"贴好创可贴"，防止"伤口"再度"感染"。

无论如何都要继续

除此之外，可能还会遇到很多阻碍变化发生的状况，周围人的影响也不可忽视。例如：努力没有被别人看到；只有自己改变，家人还是一如从前；明明做出了改变，却被朋友嘲讽、否认，心情可能也没能马上愉悦起来……这一切，都可能成为阻碍变化的高墙。

很多人都会发愁如何跨越这些高墙，然而在问题的答案出现之前，大多数人都会选择停滞不前。事实上，内心的高墙并不是实际存在的障碍物，是因为正向激励的缺乏或负向激励的过量才导致了"高墙"错觉的产生，而我们付出的努力其实并没有被阻拦下来。

如果想感受实际的变化，坚持去做很重要。很多时候，如果无法攻克内心的抵触，我们就需要带着这些情绪继续向前。不断碰撞墙面的过程，也可以培养耐力和韧劲。不要停下脚步，继续向前吧，变化就在前方。

相信终点站是幸福

我们都希望可以恢复自尊，到达幸福的终点站，但因为对责任和变化的恐惧，在期待幸福的同时也会不经意地把幸福推开。为了解决这个问题，一定要相信终点的存在，相信在我们成为更好的人之后就一定能获得幸福。相信这些事实，并期待着它们发生。

在我们增强幸福感的路上，注定会失去一些东西。例如，遭遇不幸、自尊感较弱时，偶尔会感受到的同情、关怀和让步。另外，当你因为幸福而备受羡慕的时候，欺诈和嫉妒也会随之而来。没有办法，因为是我们做出了改变，其他人并没有变化，他们并没有变得更加高尚和成熟。

自尊感恢复的过程中也一定会遇到阻碍。在这种情况下，你可能会产生得过且过甚至放弃的想法，还可能会担心自己不再像以前那样谦逊，其实都是多虑了，爱惜自己或自尊感的提高并不会让你突然变得傲慢或遭人排挤。因为在自尊感恢复的同时，你的行为举止和对他人的关怀也会得到进一步优化，而这些改变可以更好地保护我们。

换句话说，欣赏和尊重自己是正确的选择，也是让我们获得真正幸福的方法。要相信自己终有一天会拥有幸福。同"被无视"相比，"被羡慕"当然是更幸福的；同"被同情"相比，"被嫉妒"也必然是更幸福的。即使没有别人的照顾，我们也可以幸福起来，我们恢复的自尊感也不会对任何人造成伤害。

3

克服指责

指责就像病毒，它从对方的口中喷出，进入我们的身体，这些具有攻击性的病毒甚至会传染、扩散到我们的整个身体。就像曾经信赖的朋友，也可能在背地里大肆宣扬我们不好的传闻。因此，我们总是害怕被指责，会对关于自己的一切评论变得敏感。

其实，病毒并不像我们想象的那么可怕。它们本身既没有实体，也不能形成物理上的打击，只是当它们进入我们的身体并占据了一定的位置之后，可能引发一系列的问题。心中如果有指责，就可能诱发孤独感和自残的行为，开始对自己进行攻击。

因此，我们首先要弄清楚指责是从什么时候开始的，怎样产生的。有些人一张嘴就是对他人的指责，我们要尽量避开或尽可能远离这种人。如果不得已要靠近他们，也要戴上口罩或者经常洗手。换句话说，无论是通过预防还是抵制，都要尽量减少与他们的接触，避免有后遗症。

指责的五种类别

首先，需要明确一下"指责"的定义，很多人对指责都抱有误解。说出真相或善意的表达也算指责吗？不是的。指责就像射出的箭，无论目标是敌人、同伴，还是自己，只要符合下列几种描述，就可以被认定为"指责"。

（1）诚实的指责

我们从小就被教导要诚实，所以我们曾经根深蒂固地认为如实地陈述就一定是件好事。在大部分人的认知中，说实话难道还有问题吗？但事实并非如此，根据说话时的意图和传递情绪的不同，"如实陈述"也可能成为指责。

"我认为朴代理比起工作，更看重家庭。"

我们假设朴代理从上司口中听到了这句话。即使"比起工作，更看重家庭"是事实，即使大多数人都这样认为，即使这只是个人的意见，这句话还是会成为一句指责。因为通过这句话，上司想表达的是打压对方的意图。这句话体现的态度也很明显，"我对你只关注家庭的行为感到不满"。

（2）针对原因的指责

"我的自尊心如此弱，是因为童年时没有得到足够的爱吗？"

这是接受咨询时经常听到的一句话。当患上心理疾病后，人们总是急于搞清楚原因何在，无法接受离别的理由、不安的理由，到底都源于什么。

然而，治疗师在告知病因的时候，都会持较为谨慎的态度，因为很多咨询者和他们的监护人，会针对治疗师提出的原因展开激烈的争论。"我变成这样都是因为爸爸！""是你自己的意志不坚定！不要怪别人！"像这样自我防御和攻击的交替反复是经常呈现的画面。

当我们寻找负面结果的原因时，往往会以指责告终。当情绪已经处于受伤的状态时，比起努力解决，将责任转嫁到其他人身上会更加容易。这的确是心智不成熟的表现。如果一定要找到原因，应该在照顾好对方的情绪，给予充分的理解和支持之后进行。

（3）预示消极未来的指责

"如果这么做，你今后都没办法和朋友们融洽相处，你会变成孤身一人。"

在教育子女或新人的场景里，经常可以听到这句指责。他们意在通过这句话告诉对方，这样的行为会导致多么严重的后果。指出错误，提醒不要再重蹈覆辙的初衷是善意的，也可以看出他们的心中对"千里之堤，毁于蚁穴"的担忧。

但是，听到这句话的人心中难免会产生委屈的情绪。在他们看来，也许只是放过一只小小的蚂蚁，却被当成了毁坏千里之堤的罪人。如果这样的指责不断反复，反而会让他们产生"既然已经被说成了罪人，倒不如真的试试摧毁这个堤坝"的逆反心理，曾经的委屈就会转化为反抗的情绪。

（4）带有比较性的指责

如果句子的格式是对比型的，大部分都会包含指责的意思。此外，对仗的句式也会给人指责的感觉。像"人家××是这样做的……"这样收尾含混不清的语句也带有指责的性质，因为接下来的内容即使不说出来，大家也都心知肚明。

也许你会认为这种表达大多发生在处于高位的人把低位的人拿来比较，其实现实中恰恰相反，地位低的人把处于高位的人进行比较的情况会多一些。例如，"其他团队的负责人会更优秀。""大公司的管理层更能干。"甚至还有人拿整个公司做比较。尤其是在亲子关系中，就像父母常常拿孩子做比较一样，孩子其实也常常拿父母做比较。"如果我出生在更富裕的家庭……""如果我的父母能像朋友的妈妈那样理解孩子……"这些想法如果只是藏在心底还好，说出口的瞬间都会变成指责。

（5）质疑型的指责

当听到"错误的事情为什么要做"时，没有人会认为这句话的意思是"分析一下该行为产生的原因"，只会理解为"你是个明知道有错，还不知悔改的、差劲的人"。

除了上述五种情况，当你听到一些话感到心情不好时，就可以把那些话视为指责了。即使从字面上看是在分析原因和结果，语气可能也比较平和、淡定，但只要伤到了对方的感情，就是一种指责。因为站在听话人的立场，他们已经感受到了责怪，当事人的感受是非常重要的。

不存在有意义的指责

当受到指责时，我们需要迅速意识到自己的状态。为什么要这么做呢？因为指责对我们而言没有任何的帮助。当然，被骂哭后可能会激发人的热情和胜负欲。但这其实是哭泣时情绪释放产生的"宣泄"效果，并非指责本身的作用。

还有一种误解，认为相互指责、争吵的关系是一种进步的关系，尤其是夫妇吵架，常常有人误以为是良好关系的表现。而那些夫妻问题专业治疗师则提出了反对意见。来自美国的夫妻问题治疗师约翰·加特曼曾经和几千对夫妻沟通，分析他们的相处模式后，他将幸福生活的夫妻和走向离婚的夫妻进行了分类。结果表明，影响婚姻满意度的最重要因素并非经济问题、子女问题或婆媳关系等"大"问题。那些最终走向离婚的夫妻，往往是因为指责、轻蔑、无视等沟通上的"小"问题产生了矛盾。导致离婚最具代表性的沟通方式就是指责和反击。

"就是因为你！"——指责

"那你呢？"——反击

通过这种方式追究事情的对错和问题的原因，不仅不利于问题的解决，还会给对方造成伤害，导致关系的破裂。

指责其实只是一种"投射"，是指发生事件时将责任归咎于其他人的行为。投射属于不成熟的防御机制，和升华、幽默不同，这样的方式不仅会引发问题，还不利于生活的正常进行。

当一个小孩跑步跌倒哭鼻子时，他的父母会一边拍打地面，一边说："都是地板干的好事儿！地板太坏了！打它！"这时，孩子就会跟着拍打地面，停止了哭泣。指责也会产生类似的效果，可以暂时让人忘记疼痛。虽然孩子长大后不会再埋怨地板，但受伤的腿还是会留下印记，时间也不会倒流。

当成年人承受压力时，判断力会有所下降。当沮丧到失态时，即使是成熟的人也会重新使用那些童年时用过的防御措施来保护自己。这时，大脑正在经历短暂的退化。

在这种情况下，人们便会开始指责。经常性指责的人内心往往处于不舒服的状态，而激烈的指责也会引发情绪冲突和大脑的退化。尽管毫无收获，也没有改变，当事人却对这一事实不甚了解。当大脑持续处于不舒服的状态时，很难做出理性的判断。

遭受指责时不要忘记的事情

设想一下拳击手在拳台上被一顿暴击的场景，如果一直打不起精神就会持续挨打，直到踉跄的身体再也支撑不住。比赛结束以后，也会留下严重的后遗症。因此，要做好前期预防和及时应对（必要时离开拳击台）。如果这些都难以做到，至少可以选择尽快投降，把伤害程度降到最低。遭受指责时可以采用同样的方法。

（1）承认被指责

人生和拳击不一样，并不会单独划定擂台的范围，对手也不是固定的人。无论是在家庭还是职场，是朋友、家人还是同事，甚至是游乐园或电梯里擦身而过的邻居，都可能成为攻击我们的对象。遭受指责时，要做的第一件事，就是承认自己被指责的事实，以及防御能力有所下降的事实。

（2）承认自己的痛苦源于被指责

有时，不仅是语言，就连眼神、小的手势，甚至没有任何动作，都可能成为被对方指责的点。如果你对某些行为是否具有攻击性感到模棱两可，那基本就可以认定它们是"模棱两可的攻击"。在这种情况下，跟对方计较"你在指责我吗？"是毫无意义的。在大部分情况下，对方都会否认，而且他们可能的确没有撒谎。但即使对方没有指责的意图，结果也不会改变。重要的是，我确实遭受了指责，也因此感到了痛苦。

（3）不要忘记对方是在不安状态下进行的"投射"

这个事实，往往会被很多人忽略。当有人攻击我们时，其实是他在对我们进行"投射"。而他之所以使用这种不成熟的防御措施，也反映了他心中正在遭受折磨。虽然被攻击的"我"内心不愉快，但了解对方后就会知道对方也处于疲惫和不安的状态。

（4）明白那只是对方一时的情绪表达

我们常常会误解，以为指责"我"的人都很了解"我"，妈妈指出"我"的个性问题，老板批评"我"的业务能力……我们似乎也都接受了这些评价，但事实上，那些不过是他们当时瞬间的想法罢了。他们并没有透彻地了解"我"，也没有用客观的标准来评价"我"，他们可能从未有过这样的想法，更没有对他人做出明确判断的能力。

我们要明白，那些给我们的任何建议和评价都不是真理，不过是个人观点罢了，随时都可能改变。而对我们评头论足的人，在无形的压力之下也很难保护好自己。

如何应对质疑型指责

单纯的问答式处理方法

很多指责都采取了质疑的形式。"你为什么不找工作？"是被提到次数最多的指责。这一点，我们应该都深有体会。

此时，如果你用"为什么一大早就唠叨？"来反击，那第二轮、第三轮的攻击很快就会纷至沓来。如果将这种提问形式转化为问答方式，问题就可以解决了。首先，让我们认真想想还没找到工作的原因。如果想到了答案，例如"托业成绩太低了""因为学校被差别对待"等，做出恰当的回答即可。如果你真的不确定答案，可以选择这样回答："我思考了很久，还是没有答案，让我再认真钻研一下，一旦有了结果，马上就告诉您。"或者也可以采用这样的方式："如果您知道我找不到工作的原因，可以告诉我吗？"将指责以商量的形式再转给对方。

如何应对连环指责

当作他们的个人想法

当你正因为被一支指责之箭射中感到痛苦时，可能还会有第二支、第三支、第四支箭接连不断地射来。即使中箭十支的你，反击了对方十支，你的痛苦也不会有所缓解。因此，倒不如在中第一支箭的时候就停下来，那样你只会遭受一份痛苦，不必让痛苦延续到第十份。

他人的想法仅仅是他们的个人想法。如果被妈妈拿来和姐姐做比较，你只要当作是她的个人意见就好了——"妈妈认为姐姐很聪明，我比较一般"。也许你还会听到"为什么不像姐姐一样努力？"的指责，同样把它当作"妈妈的想法"就好。

应对指责的高级技巧

共鸣

那些指责我的人可能正处于极度生气、痛苦的状态，他们也可能正沉浸在对我深深的厌恶之中。想克服这些负面情绪的确不是件容易的事情。精神科的医生和咨询师每天都会带着负面情绪和来访者打交道，如果承受不起，可能一天都坚持不了就交辞呈了吧。

让专家们可以坚持下去的原因是"共鸣"。所谓"共鸣"，既可以治愈对方，也是消除那些负面情绪的最有效方法。通过调节情绪的频率产生共鸣现象，从而消除对方的负面情绪。

如果用语言来表达共鸣："原来是这样啊。"治疗师一整天都会重复无数遍"原来是这样啊""原来有过这样的事情啊""原来你有过这样的想法啊""所以，你才这么生气啊"。通过这些体现共鸣的话，可以将来访咨询者和治疗师之间的负面情绪消除。

共鸣是应对指责的最高阶技巧。你可以尝试用这样的方式与指责你的上司沟通："对不起，原本应该在规定的时间内完成，是我的拖延造成了混乱，一定让您很气愤吧。"

当你表现出共鸣的时候，对方的攻击性就会减弱或消失。最终的结果就是，我们尽可能地减少了指责。

4

克服恶性循环

　　当夫妻的关系不融洽时，大多数人都会指责对方有问题。他们带着对伴侣的不满去找治疗师寻求帮助，不断地强调对方的无能、没用、谎话连篇，只为了保证这些问题不被治疗师忽略。然而，他们同时又很依赖对方。"只要他有所改变，我就再也不乱发脾气了，我会对家庭认真负责的！"从这句话就可以看出，他们把幸福与否都寄托在了伴侣的身上。颇具讽刺意味的是，世界上最无能的伴侣也是他们最信赖、托付终身的人。

　　当然，他们很难察觉到这种矛盾意识的存在。这种问题不仅仅会出现在夫妻之间，亲子关系恶化主要的原因就是父母大多对孩子有过高的期待，而那些对老板不满的人，其实对老板的期待值也是很高的。越是期望，失望就会越大，人们还总是期待那些令自己失望的人能主动改变。

　　需要注意的是，期待和失望会形成一个恶性循环。越是期待，失望就越大，而失望的加深会让期待值变得更高。这个过程重复几次后就应该放弃了，大部分人却做不到。一旦陷入恶性循环的泥沼，就会不断地重复这个过程。"我说了那么毒的话,老公总会有所改变了吧。"抱着这样的期待,结果却可能迎来更大的失望。

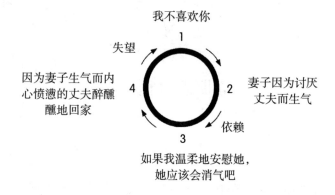

如果想摆脱这种恶性循环,需要先抛弃下列几种想法:

想法一

改头换面的想法

曾经有一位两个孩子的母亲来找我咨询,她家中的两个男孩相差两岁,他们总是"争风吃醋",令她很担心。玩具争夺战随时都会爆发,弟弟每次被哥哥抢走玩具后都会号啕大哭,而哥哥总是满不在乎地溜之大吉。

"买同样的玩具好像就可以解决了。"

我提出了最简单的解决方法,孩子的妈妈听到后愣了片刻,马上用夹杂些许不满的语气说道:"那不能解决根本问题啊。"

224

"是吗？"

"只有从根本上解决问题才行啊。现在兄弟俩总是互相嫉妒。我希望培养他们相互关爱、谦让的品质，我就是为了这个目的才来咨询的，请您教给我真正的解决方法吧。"

听到这些话，我竟替孩子们感到一丝委屈。兄弟俩不过四岁和六岁，正是互相嫉妒、互相争抢的年纪。而他们渴望争取父母多一点点关注的行为，其实在成年人的世界里也是经常发生的事情。

很多人的问题在于对"根本"的纠结。这就好比眼前起了火，却一直在纠结"为什么会着火呢？是因为短路，还是人为纵火？我们国家的消防系统怎么这样差劲"，先把火灭掉难道不是最重要的吗？

想法二

改变别人的想法

解决情绪问题时，人们总会在问题分析上消耗过多的能量，导致最后没有余力去解决问题。疲惫的大脑会做出稀里糊涂的判断，执着于那些不可能解决的事情。其中最具代表性的，就是试图改变别人的想法，甚至到了茶不思、饭不想的地步。然而，无论你多么担心，投注了多少精力，有些事都是很难改变的。

假设你白天被公司的上司指责了，晚上因为心情沮丧而难以入眠。即便睡着了，也会因为气愤和委屈睡不踏实，睡眠质量差又会导致精神状态不佳。第二天，你只能拖着疲惫的身子去上班。注意力不够集中严重影响了工作效率，不巧你又被严厉的上司看到，你又免不了一顿训斥。

在这个案例中，最关键的问题是找回睡眠的节奏。良好的睡眠可以使疲劳的精神状态得以恢复，进而重新提高自己的工作技能。大部分的抑郁情绪都可以通过良好的睡眠来缓解，甚至解决。

别人的身上当然也存在问题。上司的性格问题，他让下属承担太多工作的组织文化问题，但试图首先解决这些问题是行不通的。世上无法改变的两件事就是"别人"和"过去"，我们应该先从解决自身的问题入手，特别是那些可以改变的问题。

当然，这并不能保证我改变之后，其他人也会随之改变。就算我保证了良好的睡眠，提高了业务能力，对方可能还是会继续指责我。但毕竟最重要的还是我自己的人生，就算别人的人生没有变化，只要我自己做出了改变，我生活的满意度可以从20分提高到70分，这样不是更好吗？

想法三

改变性格的想法

还有一些人执着于对性格的改变。到医院寻求帮助的他们称自己的脾气不好、太过内向，或者同时具备了多种边缘性人格障碍的特征，对自己的一切都感到不满。对他们而言，要求改变性格基本上等同于让他们改变一切。

当然，性格是可以改变的，持续接受咨询可以让性格有所变化，也有人会因为瞬间的"顿悟"而焕然一新。然而，正因为我们想改变的是性格，才会有相应的问题产生。当你说出自己想改变性格的同时，你的内心可能会出现另一个声音："性格真的可以改变吗？"一般而言，性格是很难改变的。

现实情况有时是自相矛盾的，那些试图改变性格的人往往会陷入徘徊不定的恶性循环之中。"我性格太差，要改→但性格不是那么容易改变的→所以我一直延续着坏习惯→可我现在太难受了，必须改掉这种性格→改变性格太难了，尝试了吃药、看病等很多方法，但好像没什么用。"

如果把改变性格制定为目标，中途一定会感觉到疲惫，因为你一直在关注没有变化的东西。假设一下，一个内向的人为了改变性格去参加聚会，他就会努力说比平常多的话。但是，当他感到害羞，想一个人待着的时候，他的注意力就会重新集中在自己的内向特质上。人类其实对自己的很多行为都没有太多关心，因此一旦内心深处感知到内向的特征，就会产生"我果然没有改变"的消极想法。

实际上，改变和没改变的事情都存在，只是我们过分关注了那些没有发生改变的部分，并把它们放大了。比起性格没有改变，"对性格的过分关注"才是导致变化停滞不前的原因。

如何找到结束恶性循环的突破口

外显问题和内在问题的交织会形成恶性循环。例如，内心深处充满"对自己的不满"，表露出来的却是"对工作的不满"，这种外部显露的不满会加深内心深处的不满。"我讨厌公司，讨厌在公司上

227

班的自己，讨厌自己的原因都是公司造成的，所以我讨厌这样的公司，讨厌去公司上班的自己。"

性格问题、人际关系问题也是如此。原因是结果，结果也是原因。自责之后，也会责怪让自己变成这样的人，然后以此为借口继续讨厌自己，形成了自责和责备他人（责备或投射）这样反复的过程。

重复可以制造能量，相同现象的重复也会反过来强化这些现象。即使以后想停止，也会因为惯性不得不继续。我们需要打破这样的恶性循环。无论自己是原因还是结果，无论是从深处还是从浅处入手，是从他人还是自己入手，都没有关系。

如果想切断恶性循环，首先要了解自己处于哪种循环中。只在脑海中思考，很难绘制出完整的画面，因为思想总是处于不断流动之中。一直以来，一旦发现自己存在自尊方面的问题，人们往往都想从搞清楚原因入手。现在，让我们换种思路，尝试从结果开始，按照下面的形式记录下来。

自尊感弱会引发什么问题？

例：

很容易灰心丧气，回避人群，容易紧张。

接下来会发生什么？

例：

在相亲的场合说不出话来，不愿意见人，变得更加孤独。

接下来会发生什么？

例：

渐渐变得讨厌自己，怨恨从小唠叨自己的妈妈，想起过去被恋人背叛的往事，流下伤心的泪水。

接下来会发生什么？

例：

对这个"怨恨过去、怨恨家人"的自己感到心寒。

通过这种方式，把可能的结果记录下来，当"因此削弱了自尊感"这样的句子出现时，一张完整的恶性循环流程图就制作了出来。然后，我们可以在循环的每个阶段，选择最容易"砍断"的部分。

比起确定一个"提高自尊感"的抽象目标，"从怨恨中走出来""原谅过去"这样表明具体方向的目标，会更利于摆脱恶性循环。各位读者朋友也尝试着把自己感受到的情绪恶性循环画出来吧。

从马上可以解决的事情开始

"大众疗法"是医生们常用的一个词，这个方法用来治疗那些具有普遍性症状的疾病。虽然内在的原因各不相同，但可以根据显露出来的相似症状和疼痛进行治疗。例如，处于青春期的青少年皮肤上会长青春痘，这是由于他们身体快速发育和激素失调导致的，但医生并不会为了治疗青春痘，要求孩子停止发育或做激素检查。治疗方式通常是先从去除皮肤表层的痘痘，切断二次感染开始。为了不留下疤痕，医生会采取一些措施防止发炎，保证孩子能顺利度过青春期。等到成年之后，大部分人长痘的现象都会减少，因此我们能做的就是尽量减少痘痘的数量，等待时间的推移。

心理问题也需要利用"大众治疗"，先从解决眼前的问题入手。大部分精神科医生会在咨询者第一次咨询时问这样的问题："睡得好吗？""胃口还好吗？有没有什么不舒服的地方？"他们知道，心理问题与身体问题紧密相关，特别是关于生活中最基本的那些方面。因此，我们要从最容易解决的问题、表面显露的问题、任何人都能看到的问题入手，优先解决身体的问题、眼前的问题、自己的问题，而不是内心的问题、过去的问题和别人的问题。

即使你坚持读到这里，也做了很多尝试，仍然可能没有摆脱身上的坏习惯和那些难以解决的问题。不要沮丧，我们的目的并不是一定要铲除坏毛病和恢复自尊感。只要你可以认识到"我存在这样的问题"，并为克服它努力尝试过就足够了。

弱自尊感，其实和身上的赘肉有些类似。虽然去掉多余的脂肪很重要，但打造新的肌肉其实更为关键。如果一直以来，你关注的都是身上的坏习惯，那就从现在开始探索更多好的方面，更积极地面对挑战吧。

在下一章节里，我们将一起探讨爱自己、对自己满意，以及保有安全感的具体方法。

Part 7

提高自尊感的五大实战法则

1

下定决心无条件地爱自己

我们都希望获得父母的爱，因为对方是妈妈、爸爸，所以被爱仿佛是理所当然的事情。在我们的认知里，父母的爱是盲目的，不求任何回报。他们爱我们原本的样子，这才是真正的爱。于是，在结婚组建新的家庭之后，我们也期待伴侣可以给予自己这样盲目的爱，爱最真实的自己。

既然对别人都会有这样的期待，那我们对自己又是怎样的呢？不仅不会爱自己本来的样子，在提出各种各样的要求后，依然讨厌自己。今后，我们需要做的就是"像对别人期待的那样爱自己"。不附加任何条件，爱那个原本的自己。我们的目标，就是给自己一份盲目的、理想化的爱。

爱，不应该附带任何条件。"心仪的外貌""好性格""好人品"，我们不必非要等到这些条件都满足的那一天再去追寻爱情。同样，我们也不必等到自尊感完全恢复，再去考虑如何爱自己。

从今天开始，下定决心爱自己吧。未来的日子里，也要继续爱着自己的性格、行为，还有那些小习惯。这就是爱自己的方式。

对于爱“既渴望又害怕”的理由

看到这里，也许你会感到有点莫名其妙。所谓“爱的方法”难道就是“下决心爱自己”？这未免也太简单、太空泛了。然而，如此简单的问题，我们却一直无法解决，只因为我们内心对爱的恐惧。

首先，我们担心爱上这个“弱小的、一无是处的自己”会让自己止步不前。换言之，如果去爱外貌一般、性格消极的自己，可能会失去向前发展的动力，故步自封。

关于爱的另一个阻力，就是对“自恋”的担忧。我们担心过多的爱会让自己变成目中无人、骄傲自大的讨厌鬼。这就好比那些没有肌肉、体弱无力的人担心“肌肉太多的身体看起来很吓人，还会对健康有害”，其实是在逃避运动罢了。

一直以来，我们都不相信爱的力量，反倒认为对自己的爱会造成伤害。因此，形成了渴望被爱，同时又质疑自己是否有资格被爱的矛盾。

那些不愿给予爱的人也持有同样的理论，他们一边鼓吹“值得被爱的人才应该去爱”，一边习惯性地指责别人。他们不肯认同对方原有的样子，也不愿意爱对方。我们不也在以同样的方式对待自己吗？指责自己没有魅力、自尊感不足，而这些指责又给我们带来了什么呢？

相信爱，才能得到爱

难道真的是爱毁掉了我们，让我们退步，让我们停滞不前吗？

是我们对自己的爱让我们养成了公主病（王子病）吗？不关心别人，自以为是，结果被排挤、被抛弃，难道这些都是"爱自己"的恶果吗？

正是这些关于爱的复杂想法让我们变得纠结起来。有时，我们虽然想获得别人的爱，却很难做到爱自己，甚至还会拒绝别人给予的爱。随着与伴侣关系的进一步加深，我们也会产生"一旦认清我的本来面目，他就会离开"的念头，最终往往还是选择逃离这段关系。

我们不相信爱，不相信别人对我们表达出的爱，也不相信自己会得到别人的爱，甚至连爱本身的存在都不相信。在这种意识里，爱，不是一件好的事情。

也许这些都是源于从童年时期开始不断累积的误解，我们承受了很多以"爱"为借口的伤害，甚至还有"爱之鞭"的说法——以爱的名义去指责对方。渐渐地，我们也不清楚什么是爱了，甚至把所谓的"鞭策"、讨厌、憎恶、指责都误以为是爱。

爱承受了太多的不白之冤，其实爱本身并不具有破坏性。被爱与珍视包围长大的孩子是健康、幸福的。自恋其实是缺爱的产物，过度保护是一种无知的爱，会让孩子变得柔弱。我们要相信，那些被无条件爱着、被真心保护的人，心里会有满满的爱，能幸福地成长。

可以爱自己

从现在开始，你要接受"可以爱自己"的事实。在真爱面前，没有好坏之分，没有应当不应当的区别。胆小、谨慎、自尊感弱都不应该成为拒绝爱的理由，只要我们爱着现在的自己就好。

我们都梦想拥有完整的爱。有些人坚持守护着不治之症的恋人，有些人不肯离开毒瘾缠身的家人……这些人都可以得到爱，为什么我不行呢？与其抱着这样的想法，沉浸在对自己的怜悯之中不能自拔，不如让我们选择爱自己吧。别再犹豫要不要去爱，不要再陷入这种无谓的矛盾之中。

2

爱自己

　　自尊感弱的人长期生活在对自己的厌恶和责备之中，早已习惯这种模式的他们，面对"爱自己"的课题，会突然冒出这样的想法："为什么我要经历这么痛苦的过程？就按以前的方式来不行吗？"但我们不能放弃，要坚持去熟悉和掌握爱自己的方法。只有这样，爱自己才能融合为身体的一部分，才不会给任何人带来伤害。

寻找心中"爱我的我"

　　在我们的内心深处有三个"我"存在，第一个是"低自尊的我"，第二个是斥责第一个我的"斥责的我"，而第三个是爱护第一个我的"爱我的我"。三个"我"分别以不同的形式存在着。

　　一直以来，"低自尊的我"和"斥责的我"都在激烈地斗争着。一般而言，"低自尊的我"在白天活动，而"斥责的我"则会在夜晚出来活动。"低自尊的我"白天工作、学习，与人打交道，一到了晚上，"斥责的我"就会苏醒。他会愤怒地斥责："你说话怎么唯唯诺诺的？为什么这样畏首畏尾？""低自尊的我"渐渐变得更加胆小、畏惧，自尊感也会变得更弱。

就在两者斗争的同时，"爱我的我"慢慢迷失了自己。我们之所以不会爱自己，是因为"爱我的我"慢慢失去了力量，消失在角落里。

爱自己并不是什么创新之举，而是唤醒那个消失在角落里的"爱我之我"。于是，让"低自尊的我"和"爱我的我"结婚是个不错的选择。咨询者本人或是治疗师主婚，宣布"低自尊的我"和"爱我的我"会相爱到老，永不分离。那要怎么做才能唤醒"爱我的我"呢？

唤醒"爱我的我"

不知不觉中，我们被"斥责的我"所掌控，它在"低自尊的我"周围筑起了高墙，阻断了别人传递的爱意或加油鼓劲的消息。然而，"爱我的我"并没有让爱意冷却，他的爱强烈、持久，不断向我们传递着爱的信息。当我们收到信息的时候可以感受到幸福和成长，想为打造一个更自信自爱的自己而努力。

问题在于防护墙"斥责的我"挂上了结实的门锁，把"低自尊的我"锁了起来，让他无法接收到来自"爱我的我"的信息。其实，只要听到那些信息，"低自尊的我"就会有所成长，变得强大、明智，最终突破围墙的封堵。

成熟的脑回路应该具有灵活性，面对外部刺激展现出灵活的反应。例如，发表演说之前，即使出现心跳加速、冒冷汗的情况，也没有退缩和放弃，正是因为"爱我的我"冲破墙壁向"低自尊的我"传递了信息："没关系！无论是谁，面对演讲都会紧张的，况且一半以上的听众都会睡着。你只要把准备好的 PPT 一句句念出来就好，就算声音颤抖也不会有人在意的。"毫无疑问，这些话起到了很好的安慰作用。

倾听"爱我的我"传递的信息

"假设有一份真挚的爱摆在你面前，为你着迷，仿佛是因爱你而生。它可能是一个人、一个灵魂、一只小猫，或是一只小狗。总之，它可以给你最完美的爱。你猜，它此时此刻想跟你说什么呢？面对疲惫不堪的你、被伤痛困扰的你或是一事无成的你，当你对自己无比失望的时候，它会想跟你说些什么呢？"

有时，我会向前来咨询的人提出这样的问题。如果用一颗平和的心集中精力思考这个问题，就能体会到"爱我的我"想对自己说些什么。大部分人都会给出这样的回答："没关系，谁都会经历这些。""你已经尽力了。""现在已经很棒了。""我爱你，不管发生什么，都不要忘记你是值得我疼爱的人。"

这些其实都是大脑想听到的话，如果没听到这些话，自尊感就很难得到提高。我们要学会倾听"爱我的我"想传递的信息，这样才能让自尊感得以慢慢恢复和成长。

如果想听到"爱我的我"传递来的信息，就需要穿透那堵"斥责的我"砌起的高墙。下面就来说明一下，如何打通那堵牢固的自尊之墙。

打通高墙的办法

我们的大脑由无数脑细胞组成，这些细胞形成了坚固的闭环。一旦形成回路，就容易产生反复的思考。"斥责的我"所砌起的高墙是在大脑中实际存在的，当消极思维形成的回路不断被强化时，这些思考回路就会立起一堵"折磨"的高墙。

打通这堵墙，需要轮番刺激大脑的两侧。左边一次、右边一次的"两侧刺激"，可以让脑回路变得疲软、松垮。

最具代表性的两侧刺激就是走路。每当走路时，大脑的左右两侧需要轮番运转。这时，原本绷紧的防御墙就会一点点"松垮"下来。大部分运动都会对大脑形成刺激，但并不是所有的运动都可以带来两侧刺激。拿游泳举例，自由泳和仰泳是两侧的，而蝶泳和蛙泳则不是。像拳击这样需要双手的运动大多是两侧的，而像高尔夫这样的投掷型运动则不属于，因为左边和右边的身体并不处于相同的运动中。眼球运动是以治疗为目的被广泛应用的两侧运动，主要用于创伤后压力紊乱和抑郁症的治疗过程。此外，轮流触碰身体两侧（膝盖或双手等区分左右侧的身体部分），轮流在两侧耳朵处说话，都属于两侧刺激。

当通过两侧刺激的方法看到变化时，意味着效果越来越明显。下决心戒烟以后，一边走路一边大声喊出"我可以戒掉，可以！"这种方法其实是很有效果的。为了消化离别带来的痛苦，建议当事人去旅游也是出于同样的原因。

如果想通过两侧刺激运动来提高自尊感，我推荐"蝴蝶椅子"的方法。这个方法是将两侧刺激和"爱我的我"传递的信息结合的方法，按照下边的步骤试一试吧。

1. 背靠椅子，保持舒服的坐姿。

2. 两侧手臂向前弯曲折叠成 X 状，手指尽量放在对侧肩膀和手臂之间。

3. 闭上双眼，用手掌轻拍对侧手臂的上侧，左边一次，右边一次，间隔一两秒交替拍打。

4. 一边拍打，一边对自己说："没关系，现在已经很棒了。""我已经尽了全力，足够了。""我是一个很不错的人。"

5. 每天做 10 分钟，向自己传递"爱自己"的信息。

3

自主选择，自己决定

不懂得尊重自己的人，往往在需要做出决定时就去寻求他人的帮助或是去医院治疗选择困难症。学生们烦恼的是应该选择退学去职场积累经验，还是继续上学为就业做准备；妻子纠结的是到底要不要和习惯性出轨的老公离婚，她们总会带着一脸忧愁去医院寻求帮助。

不相信自我判断的人

不幸的是，大部分人的问题我都无法给出答案。而且，对于我无法给出答案这件事情，大部分提问的人也都很清楚，但他们还是会继续提问："医生，您是专家，肯定比我的经验多，知道得多，到底怎么做才能少一点后悔呢？"

当然，我也可以给出快刀斩乱麻式的答案："现在不复习会更好一点儿。""离婚吧，我可以介绍一个律师帮你拿到更多的赔偿金。"然而，我会刻意不给出答案，尤其是面对那些对我充满期待、抱怨自尊感太弱的患者，我对待他们会更加小心谨慎，因为我要尊重他们。即使他们催促我马上给出答案，即使他们有些生气，甚至多次来追问我，我越是尊重他们，就越不会给出答案。如果按照他们的意愿去做，反倒是对他们的无视和嘲讽了。

没有完美的选择

世上会有很多分岔路口，我们每天都会站在路口，在选项 A、B、C 中为要选择哪一个而烦恼。然而，在大部分情况下，它们之间的价值差距其实并没有那么大。就像选择午餐菜单一样，是吃汉堡包、大酱汤，还是烤鱼？选择哪种菜单才是最好的决定呢？

事实上，这三样里吃哪一种都与其他两种没有太大的差别。如果一定要评分的话，我会给汉堡包 67 分，大酱汤 71 分，烤鱼 69 分。随着时间的推移，分数可能也会有所改变。汉堡包原本的分数是 67 分，当我进入卖场后发现汉堡正在半价促销，那我对它的满意度分数就会上升到 72 分。然而，因为促销活动，卖场涌入了很多顾客，变得比平时喧哗了很多，让人晕头转向。这时，汉堡包的分数可能又降到了 65 分。

这里想重点强调的是，谁来做决定也会影响满意度分数。原本汉堡包和大酱汤并没有太大的差异，但当组长喊出"今天统一吃大酱汤"的决定时，情况会变得不一样。无论多么好吃的大酱汤，满意度都会掉到 50 分以下。

当然，人生的重大抉择和选择午餐菜单的压力感还是有明显不同的，但它们有一个共同点——别人代替做决定会导致满意度下降。

就算结果不错，心情也不会百分之百愉快。这是因为成功的"股份"被他人瓜分，即使得到好的结果也不会有好的心情。

尽管如此，我们还是经常依赖他人。即使明白主体的重要性，也会把决策往后推迟。哪怕已经知道自己想要什么，也不去顺应自己的心意，这到底是为什么呢？

别人做决定可以减少我的责任感

决策伴随着责任，如果把本人做出决定当作拥有 100% 的股份，那别人做出的决定，自己最多也就占 70%~80% 的股份。即使出现了不好的结果，当事人心里的负担也会少一些。即使悔意与自责涌上心头，也只能感受到 70%~80%。因此，如果是别人做出决定或是参与别人的决定，因错误的结果感到的悲伤就会少很多。

人们总是倾向于不相信自己的判断。较弱的自尊感会启动防御机制，虽然不主动做决定会导致权威度有所下降，但也可以逃避一部分责任。结果就如同走在荆棘路上，害怕有坏结果却总是制造出不好的结果。其实，我们从一开始就应该坚持自己的判断，感受自己的痛苦。虽然经历 100% 的痛苦会让我们后悔，但只感受 80% 的痛苦会让失误不断反复。

决定会影响自尊感

每当我们推迟决定时，我们就会变得畏首畏尾，而有强烈自尊感的人可以决定聚会的气氛、事件发展的成败与方向。

在决策中失去权威的人，也会相应地失去自尊感。他们会变成可有可无，不会有任何影响力。如果自己不能做决定，或是只能做一些无关痛痒的决定，必然会削弱人的自尊感。这不是对错的问题，一旦在人生中感受不到自尊，自我存在的基础也会渐渐消失。如果想提高这些人的自尊感，需要训练他们自主决定、尊重决定的技巧。

自尊感是从感性层面上对自己的爱，也是从理性层面上自主决定并尊重决定的能力。

提高自尊感的决策法则

（1）自主决定

自己的事情自己做出决定。你拥有决策权的同时，也会承担起相应的责任，掌握一定的权威。反正人生本来就是自己的，这不会是赔本的买卖。我们可以去寻求一些建议，但开口的第一句最好是"虽然决定由我来做"。这句话的核心在于——决定的是"我的事情"。当你集中注意力于自己的决定时，就会减少对他人事务的关注。

（2）遵循决定

遵循自己做出的决定。当你因为未知的前路而感到恐惧时，回想一下前文提到的午餐菜单吧。你之所以会徘徊不定，是因为你担心做出其他的选择也会得出相似的结果。所谓"分岔路口"，意味着两边其实都差不多。即使结果让你觉得有些吃亏，也不要担心，因为这是你自己做出的决定，也是一次很好的学习机会。

（3）如果结果不太好，请用"将来时"表达后悔

结果本就可能有好有坏，当不好的结果出现时，你也可以后悔、难过。毕竟你需要负起全部的责任，也要承担百分之百的悲伤。但是，后悔的时候请用"将来时"表达。"当初不应该那样"是过去时的表达，这样会消磨掉你的自尊。如果使用将来时的表达——"今后如果再遇到这种情况，一定要……"这种后悔也可以成为一种决心。

（4）如果得到好的结果，请表达感谢

如果得到了好的结果，就去开心地庆祝吧。这份喜悦百分之百属于你自己，是你的决定引导你走向了成功。所有人都会知道你做出了正确的决定，因此请把你的喜悦分享给别人，其他人也会拥有愉快的心情，也会期待你未来获得更大的成功。

帮你做决定的五个问题

决定没有对错之分，也没有办法判断哪一个选择会更好，所有决策可以明确的部分只有范围和时间。大部分决定都是关于"我"的，因此决定的范围就被限定在了"我"。那么，剩下的只有时间了。做出决定需要一两个小时，还是几年，只要选择好时间就可以了。长时间的烦恼并不一定会带来明智的答案，只是花了更久的时间罢了。

为了更好地尊重自己的决定，请认真地回答下列几个问题：

a. 在众多的难题中，我要解决的是哪一个？（排除别人的问题）

b. 我应该决定什么？（排除感性）

c. 选项之间的差异是什么？（把自己置于分岔路口）

d. 这个决定要什么时候做出？（设置时限）

e. 这个决定的有限期到什么时候？（确定决策的有效期）

这些问题可以帮助你做出决定。当超过时间期限的时候，你会继续陷入烦恼中，这也是因为你当初做了"继续烦恼"的决定。原本以为只有两条路，其实还有一个隐藏选项是"继续烦恼着虚度时间"，而这次就是选择了这一项。

4

专注于"此时此地"

整形外科的广告牌上经常展示关于整形手术前后的对比照片。当我们看着广告牌时，常常会想到照片主人经历了多么大的变化才变成现在的样子。很多广告都采用了这种套路，把过去和完成后的样子以对比的形式呈现出来。在"过去—现在—未来"的链条上，"现在"（过程）是最容易被遗漏的部分。没有人会把整形手术的场景作为制作广告的素材，那些令人痛苦的场面只会出现在纪录片里。

想有所改变，就必须经历当下的痛苦，因此广告都会刻意跳过现在的阶段，让你关注过去和未来。但是，没有现在的经历就不可能有未来的变化。整容手术是一个需要流血、忍受剧烈疼痛的过程，这就是现实。

如果想经历心态的变化，就要给自己的心"做个手术"。这个过程需要承担一点痛苦，多一点忍耐，但很多人都无法接受。因此，他们常常游走于过去和未来之间，回避现在的问题。

解决所有问题的办法就是聚焦于当下

"医生，您能改变我吗？向您咨询真的可以让我学会爱自己吗？"

很多人会通过邮件或电话提出这样的问题。该怎么说呢，其实这样的问题真的不好回答。每当有关于未来的提问，我的回答都很相似："我无从知晓。"10秒钟后会发生什么，谁都不确定，人们却总是想知道10年后发生的事情。

一想到未来，就会有很多人因为不安而急于寻找对策。首先，他们试图通过"自己确认"来消除不安。"我可以的""上这家补习班一定可以考上名牌大学"，人们往往通过这样确定的语言来压制心中的不安。

"自我确信""自我催眠"或者"肯定的态度"，如果通过这些方法可以减少心中的不安，那继续使用它们也无妨，但我个人其实并不推荐这样的方法。因为无论用多么正能量的态度去乐观地看待未来，危机的到来都是不可避免的，尤其是当你状态不好或经过努力也没有得到回报的时候，这份确信就会动摇。每当这种时候，总有人会烦恼："我为什么不能坚定自己的信心呢？"仿佛坚定信心就是通往成功的道路。有坚定的信心当然是件好事，但世界上能被我们确信的事情又有几个呢？未来本就充满着不确定性，因此也不必对"确信"过分执着。

所有问题最终都应该聚焦于当下去解决，无论是通过自我确信还是自我催眠，虽然都可以暂时消除不安，但现实最终还是会到来的。不安的学生们，建议你们专注于完成眼前的任务。那些被减肥问题困扰的年轻人，希望你们可以从今天开始专注于运动。

逃回过去的习惯

虽然消除了对未来的不安，但还是有很多人不能马上把注意力集中在现实上。因为这一次，他们又选择向过去的方向逃亡，尤其是那些难以接受现实的人，他们会对过去的问题更加执着。

前文中提到过"为什么"的表述中含有指责的意思。"为什么我会那样做？"是对自己的指责，"你为什么那样？"是对他人的埋怨。虽然我们心情不好的时候经常会提出这样的疑问，但往往因为找不到答案，留下更大的伤害。

尽管如此，这种疑问之所以从未间断还是因为现实的确令人难以接受。"我实在是无法理解，那个人为什么会出轨呢？他明明告诉我是去出差了啊。"难以接受现实的人会不自觉地倒退，试图到过往的人生里寻找答案。当那些曾经坚信与伴侣相亲相爱的人得知自己一直以来活在谎言之中，激动的情绪当然是一触即发。一想到对方不是去出差而是去做背叛自己的事情，这样的现实实在令人无法接受。如果集中于现实的状况让自己太过痛苦，也会促使当事人"回到过去"。那些心痛、气愤的瞬间，都会让人想逃回过去。

自尊感也是一样，当你对现在的自己不满意时，就会产生逃回过去的念头。是幼儿园时候出现的问题吗？是父母吵架造成的问题吗？是因为高中时期被孤立吗？然而每一个问题的尽头，好像都有一个固定的答案："每天纠结于过去，荒废时间的自己，实在是太令人失望了。"

此时此地，我想要的是什么

执着于过去会让人后悔，沉溺于未来则令人混乱，我们因为无法回到过去而备感郁闷，未来也不知道何时会来。这就是过去和未来的本质。在健康人的脑海里，过去、现在和未来的比重差不多，或者现在的比重占到一半以上。而自尊感弱的人，则更关注过去或未来的问题。

问题的解决从关注现在开始，精神科医生称其为"here and now"原则：不要考虑已经过去的问题和未来可能遇到的问题，把所有的注意力集中在当下遇到的事情上。

这是一个养成新习惯的过程，同每天早上晨练、吃鸡胸肉减肥一样，摆脱日常束缚，准备开始新的生活。然而，无论多么集中于当下，脱离轨道的事情还是很常见的，毕竟"此时此地"也是个抽象的概念，人们总是对未来充满不安，又想逃离过去。

如果不想这样下去，就需要在眼前留下提示的话语。现在，马上拿出一张纸写下："此时此地，我想要的东西是什么？"或者"此时此地，我应该做些什么？"然后去寻找答案。当然，问题的答案也许不能一次找到。请参考下面的例子，即使经历几次脱轨，但愿你仍然可以重新找回正途。

几天后，即将到来的汇报对你而言非常重要，你希望有出色的表现，也因此感到不安。通过下面的过程，你应该就可以自己找到答案。

"此时此地，我想要的是什么呢？"

"我想出色地完成汇报。"

"不，汇报是未来的事情，你现在想做什么呢？"

"现在是准备时间。如果好好准备，汇报就能顺利完成吗？会不会又紧张呢？"

"不对，不对，这也是未来的事情，告诉我，你现在想做的事。"

"现在应该认真准备，但已经过了晚上 11 点了。下班后，我约了朋友去看电影，真不应该这样做。"

"这个是过去的事情，此时此地，你到底想做什么呢？"

"我想集中注意力，哪怕只有一个小时，我想好好地整理报告资料。"

"那就这样记录下来吧。'我要用一小时整理报告的内容。'每当对未来不安或后悔过去的时候就拿出来看看，这样才能全神贯注地集中于资料整理。"

对现在集中注意力，不仅可以提前解决问题，还会有新的收获——"魅力"，专注于当下的人看起来非常有魅力。提高自尊感，投入现在的工作，还能获得魅力，真是一石三鸟。

5

冲破失败主义的束缚，全力前进

被失败主义封锁的人，无论学习多少提高自尊的方法也无济于事。他们不知道爱的方法，不知道尊重自己的方法，也不愿出门运动。

即使与这样的人大打一架，也不会得到答案，这是因为"自尊感"一词原本就包含了感性的含义。这些人虽然看起来很有逻辑，实际上却是一批自尊感不足的人。

不过，在这种情况下，也是可以找到办法的。即使是被失败主义困扰，或是对自尊感毫无所知，办法依然存在。换句话说，和学习驾照的过程很相似。即使不知道车子如何运转也可以驾驶汽车，自尊感也是一样，即使不知道自尊感究竟是什么，也可以提高自尊感。

自尊感越弱，信念越坚定

那些身陷失败主义的人有一个确信的想法，他们确定自己不会

252

有好的结果，甚至还能提出相关的依据来佐证。"我就是因为这样才不成气候的，喝药、咨询都没有用。我是无法被改变的。"

有一些先入为主的观点认为，自尊感弱的人一定是优柔寡断、容易失眠、徘徊不定的人。其实，他们很坚定，确信自己不会有好的结果。之所以这样，是因为他们总是把注意力集中在消极的内容上——自己的弱点、伤痛、不足和不顺利的过往。以消极为基础，只能使消极结论更为强化。

当然，不会有人希望维持这种消极的自我认识，但改变固有思维并不是件容易的事情，甚至可能成为一种妄想、信念。这样的人一旦被招惹，就会怒气冲天。他们通常会以这样的方式回应对方："你了解我吗？一路走来经历了什么只有我自己最清楚。所以，不要再说服我了，我不可能得到幸福！"在这些人看来，爱自己、尊重自己的忠告毫无意义，他们甚至可以举出很多反驳的材料和依据。

从废墟到安乐窝

自尊感就像"家"一样，无论现实多么残酷、生活多么艰辛，只要有个安乐窝，一切都能坚持下去。内心遭受的许多指责和比较、恶劣的外部环境都可以看作坏天气，只有自尊感稳定，才能拥有安全的避难之所，才能使身心得到慰藉。

熟悉了失败主义的人，其实和习惯生活在废墟的人一样。门缝里吹进的一丝风，也会让他们担心天花板会不会掉下来。在废墟的房子里，没有正常的供水，没人打扫，一片狼藉。而这些人会蜷缩在废墟的房子的一个角落里，面带尴尬的微笑，说道："我从小就在这样的环境中长大，我的父母也是，还有很多人比我们活得更惨。"
一些了解情况的熟人想给予帮助，有人去打扫，有人带了食物，但
每当他们离开的时候，房子里的一切又都回到了原点。甚至当有专
家找上门想给房子做维修，还帮助当事人安排临时的住所时，仍然
遭到他们的拒绝。因为如果要施工就需要他们整理行李，扔掉一些
已经产生感情的旧物。他们其实并不希望变化，比起进步和发展，
他们更愿意选择熟悉的生活。

　　不过，即使在这样的情形下，自尊感也可以有所变化，哪怕没
有做好接受的准备也没有关系。如果把自尊感比作"家"，为了提高
自尊的"施工"就是必须经历的过程。如果要对废墟的房子进行房
屋改造，首先要做的就是整理行李。推翻原有建筑物的过程，可能
会带来噪声和灰尘，而自尊感的提高，并不需要如此复杂的过程。

呼唤奇迹的问题

我可以恢复自尊吗？

　　如果想恢复自尊，需要让大脑先健康起来：保持积极乐观的心
态，无视那些琐碎的担忧；不要轻易被他人的情绪影响，也不要失
去自己的主见。只有大脑变得健康，自尊才能得以恢复。

　　想让大脑保持健康，需要熟知以下两个要点：

　　第一，大脑是一个身体器官，只在脑海中努力是没有意义的。
就像我们希望胳膊上长出肌肉一样，意识的控制虽然也很重要，但
只有练出肌肉才能举起哑铃。实际行动是非常重要的。

第二，为了保障大脑健康付出的努力和结果中，经常会掺杂一些人际关系的因素。因此，可以向那些已经恢复自尊的人学习，模仿他们的细微行动，可以帮助大脑健康和自尊感的恢复。

假设今天晚上奇迹会发生，梦中的你，自尊感得到了完美恢复，你可以恰当地爱自己，自信一些，尊重自己的判断，同时也成为一个关心他人的温暖的人。那么当早晨来临时，你会做出哪些和昨天不一样的举动呢？面对这个问题，大家是这样回答的：

"我可能会看着镜子微笑吧。曾经的我每个早晨看着镜子里的自己都会感到非常痛苦，如果自尊感恢复了，就可以在洗脸的时候看到自己放松的表情，洗澡的时候也能开心地哼出歌儿来。"

"我应该会去吃早饭。不知从何时起，我养成了吃宵夜的习惯。胃里总是不舒服，睡觉的质量很差，没有胃口，总是抱着'必死'的信念去公司上班。不过，我现在打算吃一些清淡的食物或来点儿简单的沙拉。"

让我们先付诸行动吧！大脑经常会把原因和结果混淆，它不会多想，只会紧跟着你的行动。坚持做下去，一切都会慢慢好起来。

让大脑感到幸福的三种行为

介绍一些简单而有效的好方法。

像尊重自己的人一样走路：像尊重自己、相信自己决定的人那样走路。挺直腰杆，肩部适当用力，保持轻松自在的神情，不在意他人的指责，大步向前迈进。

像爱我的人一样调整表情：每次看镜子时，都想一想，"如果我爱自己，现在会是怎样的表情呢？"心情平和的时候，你可能会面带微笑。当然，那种勉强的假笑是不需要的。人生在世难免经历与爱人的离别、家人的生病，即使是这种时候，你也要看着镜子里的自己，想想如果心中有爱会是怎样的表情，然后努力做出那样的表情吧。

自言自语：当经历痛苦的时候，自尊感强的人往往会预先想好要说的话，然后说给自己听。他们会不断地重复"没关系，每个人都会经历这样的事情"或用合理化的方式来调整思绪——"因为是我才成功拦截了下来，如果是别人早就闹出大事故了"。这些话需要让大脑听到，大脑很喜欢听到这样的话语，我们要学会经常说一些让大脑喜欢听的话。

走路、表情管理、自言自语，请你全身心投入这三件事中，因为这是只有人类才能做到的事情。人类的大脑会在做这三种行为时变得活跃起来，而大脑最为活跃、效率最高的时候也是提高自尊感的最好时机。大声嘶吼、打砸物品、攻击别人是其他动物也可以做到的行动，如果采取这样的行动，是无法找回健康的。让我们活得潇洒一点，活出我们应该有的样子。

后记

你就是"丛林之王"

　　一直以来，狮子都是我心中的"丛林之王"。它们和它们的崽子们在丛林里悠闲地玩耍，感到饿了，就晃晃悠悠地去狩猎。在我的意识里，它们活得很逍遥自在。只要它们下定决心，斑马都是它们的囊中之物。一旦狮子出现，就连大象和鳄鱼都会灰溜溜地逃走。

　　我不久前才知道，狮子的生活并不如我想象的那样轻松。国家地理杂志频道播放了一段狮子被河马攻击的视频，那是一次失去孩子的河马妈妈的复仇。被河马攻击后，被甩到一边的狮子晃晃悠悠地勉强支撑着身体。这样的画面让我受到了冲击。不仅如此，狮子的生活看起来也很艰难，老鹰、鬣狗这样的猛兽会趁狮子不留神袭击它们的家。狮子因为担心孩子遭受攻击，一直处于焦虑的状态。独自进行的狩猎也并不容易，和我想象的不同，斑马会以飞快的速度逃走，甚至还会用后脚踢踹狮子。一旦被击中，狮子的额骨可能被踢得粉碎。曾经被认为是动物之王的狮子，被蛇咬到也一样会死亡，它们也会担心被大象踩到而拼命地逃跑。

当我看到孤零零的狮子时，眼泪竟然掉了下来。我曾经那么羡慕的狮子，那么渴望成为的狮子，竟然也是这样一天天辛苦挣扎地活着。

我们的生活或许也是这样。在当今社会，我们也在过着和狮子一样的生活。曾经梦想站在世界的中心，成为让家人放心依靠的人，现在才知道全世界可能都会威胁到我们的生存。如今，每一次奔跑都需要全力以赴，只有超越其他人才能存活下来。现在的我们就像疲惫的狮子一样，挣扎在人类社会这片丛林之中。

不过，如果换一种想法呢？虽然现在暂时因为生活而感到疲倦，但我们是比所有狮子都要帅气、优秀的"丛林之王"。对于家人而言，我们是无可替代的子女、父母和伴侣。我们既是"挺过"了无数危机的战士，也是坚强守护生活的英雄。尽管偶尔也会遭遇意想不到的攻击，也会失去生活的重心，也会在悲伤与绝望中挣扎，但我们是"王"的事实从未改变。哪怕在黑着灯的房间里悄悄地哭泣也没有关系，不是因为我们柔弱，而是因为我们是人。

无论何时都不要忘记，你是"丛林之王"，是世界的中心。你是这个世界上独一无二的珍贵存在。